高等职业院校核心课程"十三五"规划教材

GAODENG ZHIYE YUANXIAO HEXIN KECHENG "SHISANWU" GUIHUA JIAOCAI

畜产品
加工技术

主　编○林建和　　陈张华
副主编○李福泉　　刘　丹

U0205865

西南交通大学出版社
·成都·

内容简介

全书共分为三个模块:模块一介绍肉品加工技术,共有九个项目;模块二介绍乳品加工技术,共有四个项目;模块三介绍蛋品加工技术,共有两个项目。书中主要介绍了肉品、奶品、蛋品的贮藏和保鲜知识、制品加工的基本原理、加工工艺流程及加工生产技术等内容。本书力求以清晰的条理、通俗的语言来叙述畜禽产品加工的生产技术,做到重点突出,同时注重加工技术的先进性、实用性和可操作性。每个项目中均附有知识目标、技能目标、素质目标和思考题,有助于学生及时掌握和巩固相关知识要点。

本书可作为高职高专食品类、畜牧类专业教学用书,也可供从事畜产品加工的企业技术人员、肉制品加工作坊及餐饮企业的从业人员阅读学习,还可作为畜产品加工社区培训的参考用书。

本书提供肉品加工技术模块全套课件及教案等教学资源供参考。

图书在版编目(CIP)数据

畜产品加工技术 / 林建和,陈张华主编. —成都:
西南交通大学出版社,2019.2(2024.8 重印)
高等职业院校核心课程"十三五"规划教材
ISBN 978-7-5643-6775-6

Ⅰ. ①畜… Ⅱ. ①林… ②陈… Ⅲ. ①畜产品 – 食品
加工 – 高等职业教育 – 教材 Ⅳ. ①TS251

中国版本图书馆 CIP 数据核字(2019)第 029489 号

高等职业院校核心课程"十三五"规划教材

畜产品加工技术

主编 林建和 陈张华

责任编辑	张华敏
特邀编辑	陈正余 唐建明
封面设计	何东琳设计工作室

出版发行	西南交通大学出版社 (四川省成都市二环路北一段 111 号 西南交通大学创新大厦 21 楼)
邮政编码	610031
发行部电话	028-87600564
官网	http://www.xnjdcbs.com
印刷	四川煤田地质制图印务有限责任公司

成品尺寸	185 mm×260 mm
印张	10
字数	250 千
版次	2019 年 2 月第 1 版
印次	2024 年 8 月第 7 次
定价	36.00 元
书号	ISBN 978-7-5643-6775-6

课件咨询电话:028-81435775

前　言

　　本教材是根据教育部《关于全面提高高等职业教育教学质量的若干意见》（教育〔2006〕16号）的有关精神，以培养面向生产、建设、服务和管理一线需要的高素质技能型人才为目标，结合畜产品加工专业人才培养目标和基本要求，根据畜产品加工技术的理论体系和实践操作技能的要求编写而成，并确保教材内容与生产实际相结合。本教材采取项目化的形式编写，以任务驱动开展学习过程主线。

　　本教材强调基本原理和基本操作技术，重点对各种加工技术的工艺流程、技术要点等进行了介绍。全书包括三大模块，共15个项目，主要内容有：肉品加工技术，包括肉的结构及性质、畜禽的屠宰及分割、肉的贮藏与保鲜、肉制品加工常用辅料及其特性、腌腊肉制品加工、肠类制品加工、酱卤制品加工、熏烤制品加工、肉干制品加工的工艺流程及技术；乳品加工技术，包括乳的成分及性质、消毒乳加工、酸乳加工、乳粉加工；蛋品加工技术，包括蛋的品质与贮藏、蛋制品加工。书中还精选了11个典型实训项目以对学生进行能力训练。

　　本书提供肉品加工技术模块全套课件及教案等教学资源供参考，读者可扫描封底二维码免费下载或进入出版社官方网站免费下载。

　　本书由林建和、陈张华任主编，李福泉、刘丹任副主编。其中：模块一中的项目一、项目二、项目三、项目四、项目五及模块三由林建和编写；模块一中的项目七、项目八由陈张华编写；模块二由刘丹编写；模块一中的项目六、项目九由李福泉编写。全书由林建和统稿。

　　本书在编写过程中参考了同行和专家的相关成果和著作，在此向这些成果和著作的原作者表达诚挚的谢意！

　　尽管编者在编写过程中做了很多努力，但由于编者水平和经验有限，书中缺点错误在所难免，恳请广大读者批评指正。

编　者

2018 年 11 月

目　录

模块一 肉品加工技术

项目一 肉的结构及性质

【知识目标】 掌握肉的概念及其形态、化学成分和物理性质，领会其对肉品质的影响。
【技能目标】 能熟练地鉴别原料肉的感官品质与肉质评定。
【素质目标】 提高学生的学习能力以及分析问题和解决问题的能力。

任务一 肉的概念及肉的形态结构

一、肉的概念

肉是指各种动物宰杀后所得可食部分的总称，包括肉尸、头、血、蹄和内脏部分。在肉品工业中，按其加工利用价值，把肉理解为胴体，即畜禽经屠宰后除去毛（皮）、头、蹄、尾、血液、内脏后的肉尸，俗称白条肉。它包括肌肉组织、脂肪组织、结缔组织和骨组织。肌肉组织是指骨骼肌而言，俗称之"瘦肉"或"精肉"。胴体因带骨又称为带骨肉，肉剔骨以后又称其为净肉。胴体以外的部分统称为副产品，如胃、肠、心、肝等称为脏器，俗称下水；脂肪组织中的皮下脂肪称为肥肉，俗称肥膘。

在肉品工业中，把宰后不久、体温还没有完全散失的肉称为热鲜肉；经过一段时间冷处理，使肉保持低温（0～4 ℃）而不冻结的肉称为冷却肉；经低温（–23～–15 ℃）冻结的肉则称为冷冻肉；按不同部位分割包装的肉称为分割肉；将肉经过进一步的加工处理生产出来的产品称为肉制品。

二、肉的形态结构

肉（胴体）是由肌肉组织、脂肪组织、结缔组织和骨组织四大部分构成。这些组织的结构、性质直接影响肉品的质量、加工用途及其商品价值，它依据动物种类、品种、性别、年龄和营养状况等因素而有很大差异。就成年动物的胴体而言，骨组织含量约占 5%～20%；脂肪组织的变动幅度较大，低者仅为 2%～5%，高者可达 40%～50%，主要取决于育肥程度；肌肉组织占 50%～60%；结缔组织占 9%～12%。

（一）肌肉组织

肌肉组织，又称骨骼肌，是构成肉的主要组成部分，可分为横纹肌、心肌、平滑肌三种，占胴体的 50%～60%，具有较高的食用价值和商品价值。

1. 肌肉组织的宏观结构

肌肉是由许多肌纤维和少量结缔组织、脂肪组织、腱、血管、神经、淋巴等组成。从组织学看，肌肉组织是由丝状的肌纤维集合而成，每 50~150 根肌纤维由一层薄膜所包围，形成初级肌束；再由数十个初级肌束集结并被稍厚的膜所包围，形成次级肌束。由数个次级肌束集结，外表包着较厚的膜，就构成了肌肉（见图 1-1-1）。

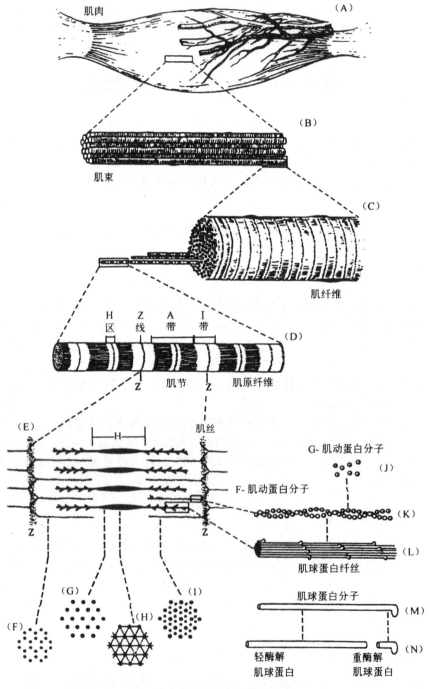

图 1-1-1 肌肉的构造

2. 肌肉组织的微观结构

构成肌肉的基本单位是肌纤维，也叫肌纤维细胞，是属于细长的多核的纤维细胞，长度由几毫米到 20 cm，直径只有 10 ~ 100 μm。在显微镜下可以看到肌纤维细胞沿细胞纵轴平行地、有规则地排列的明暗条纹，所以称其为横纹肌。

肌纤维由肌原纤维、肌浆、细胞核和肌鞘构成。

肌原纤维是构成肌纤维的主要组成部分，直径为 0.5 ~ 3.0 μm。肌肉的收缩和伸长就是由肌原纤维的收缩和伸长所致。肌原纤维具有和肌纤维相同的横纹，横纹的结构按一定周期重复，周期的一个单位叫肌节。肌节是肌肉收缩和舒张的最基本的功能单位，静止时的肌节长度约为 2.3 μm。肌节两端是细线状的暗线，称为 Z 线，中间宽约 1.5 μm，称为暗带（或称 A 带），A 带和 Z 线之间是宽约为 0.4 μm 的明带（或称 I 带）。在 A 带中央还有宽约 0.4 μm 的稍明的 H 区。这种结构形成了肌原纤维上的明暗相间的现象。

肌浆是充满于肌原纤维之间的胶体溶液，呈红色，含有大量的肌溶蛋白质和参与糖代谢的多种酶类。此外，尚含有肌红蛋白。由于肌肉的功能不同，在肌浆中肌红蛋白的数量不同，这就使个同部位的肌肉颜色深浅不一。

（二）脂肪组织

脂肪组织是仅次于肌肉组织的第二个重要组成部分，具有较高的食用价值。对于改善肉质、提高肉风味均有影响。脂肪在肉中的含量变动较大，决定于动物种类、品种、年龄、性别及肥育程度。

脂肪的构造单位是脂肪细胞，脂肪细胞或单个或成群地借助于疏松结缔组织连在一起。细胞中心充满脂肪滴，细胞核被挤到周遍。脂肪细胞外层有一层膜，膜由胶状的原生质构成，细胞核即位于原生质中。脂肪细胞是动物体内最大的细胞，直径为 30~120μm，最大者可达 250 μm，脂肪细胞愈大，里面的脂肪滴愈多，因而出油率也愈高。脂肪细胞的大小与畜禽的肥育程度及不同部位有关。脂肪组织的成分，脂肪占绝大部分，其次为水分、蛋白质以及少量的酶、色素和维生素等。

（三）结缔组织

结缔组织是肉的次要成分，在动物体内对各个器官组织起到支持和连接作用，使肌肉保持一定弹性和硬度。结缔组织由细胞、纤维和无定形的基质组成。

结缔组织的含量决定于年龄、性别、营养状况及运动等因素。老龄、公畜、消瘦及使役的动物其结缔组织含量高；同一动物不同部位其结缔组织的含量也不同，一般来说，前躯由于支持沉重的头部因而结缔组织较后躯发达，下躯较上躯发达。羊肉各部位的结缔组织见表 1-1-1。

表 1-1-1　羊胴体各部位的结缔组织含量

部　位	结缔组织含量/%	部　位	结缔组织含量/%
前肢	12.7	后肢	9.5
颈部	13.8	腰部	11.9
胸部	12.7	背部	7.0

结缔组织为非全价蛋白，不易被消化吸收，能增加肉的硬度，降低肉的食用价值，可以用来加工胶冻类食品。比如，牛肉结缔组织的吸收率为 25%，而肌肉的吸收率为 69%。由于各部位的肌肉结缔组织含量不同，其硬度不同，剪切力值也不同。

（四）骨组织

骨组织是肉的次要部分，食用价值和商品价值较低，在运输和贮藏时要消耗一定能源。成年动物骨骼的含量比较恒定，变动幅度较小。猪骨占胴体的 5%～9%，牛骨占胴体的 15%～20%，羊骨占胴体的 8%～17%，兔骨占胴体的 12%～15%，鸡骨占胴体的 8%～17%。

如图 1-1-2 所示，骨由骨膜、骨质和骨髓构成。骨膜是由结缔组织构成的覆盖在骨骼表面的一层硬膜，起着保护骨骼的作用，骨膜里面有神经、血管。骨骼根据构造的致密程度分为密致骨和松质骨，骨的外层比较致密坚硬，内层较为疏松多孔。骨骼按形状又分为管状骨和扁平骨，管状骨密致层厚，扁平骨密致层薄。在管状骨的管骨腔及其他骨的松质层空隙内充满着骨髓。骨髓分为红骨髓和黄骨髓。红骨髓含的化学成分包括：水分占 40%～50%，胶原蛋白占 20%～30%，无机质约占 20%。无机质的成分主要是钙和磷。

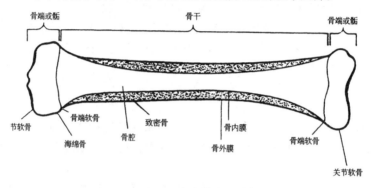

图 1-1-2　骨骼构成示意图

将骨骼粉碎可以制成骨粉，作为饲料添加剂，此外还可以熬制骨油和骨胶。利用超微粒粉碎机制成的骨泥，是肉制品的良好添加剂，也可以用于其他食品以强化钙和磷的成分。

任务二　肉的化学组成

肉的化学组成主要是指肌肉组织中的各种化学物质，包括水分、蛋白质、脂类、碳水化合物、含氮浸出物及少量的矿物质和维生素等（见表 1-1-2）。

表 1-1-2　畜禽肉的化学组成

名称	含量/%					热量/(J/kg)
	水 分	蛋白质	脂 肪	碳水化合物	灰 分	
牛　肉	72.91	20.07	6.48	0.25	0.92	6186.4
羊　肉	75.17	16.35	7.98	0.31	1.92	5893.8
肥猪肉	47.40	14.54	37.34	—	0.72	13731.3
瘦猪肉	72.55	20.08	6.63	—	1.10	4869.7
马　肉	75.90	20.10	2.20	1.33	0.95	4305.4
鹿　肉	78.00	19.50	2.25	—	1.20	5358.8
兔　肉	73.47	24.25	1.91	0.16	1.52	4890.6
鸡　肉	71.80	19.50	7.80	0.42	0.96	6353.6
鸭　肉	71.24	23.73	2.65	2.33	1.19	5099.6
骆驼肉	76.14	20.75	2.21	—	0.90	3093.2

一、水分

水是肉中含量最多的成分，不同肉组织其水分含量差异很大，其中肌肉含水量为 70% ~ 80%，皮肤为 60% ~ 70%，骨骼为 12% ~ 15%。畜禽越肥，其水分含量越少，老年动物的含水量比幼年动物的含水量少。肉中水分含量的多少及存在状态影响肉的加工质量及贮藏性。肉中水分的存在形式大致可分为结合水、不易流动水、自由水三种。

结合水通常是在蛋白质等分子周围，借助分子表面分布的极性基团与水分子之间的静电引力而形成的一薄层水分，约占肉中水分总量的 5%。结合水与自由水的性质不同，它的蒸汽压极度低，冰点约为 - 40 ℃，不能作为其他物质的溶剂，不易受肌肉蛋白质结构或电荷的影响，甚至在施加外力的条件下，也不能改变其与蛋白质分子紧密结合的状态。通常这部分水分分布在肌肉的细胞内部。

不易流动水是指存在于纤丝、肌原纤维及膜之间的一部分水分，约占肉中水分总量的 80%。这些水分能溶解盐及溶质，并可在 - 1.5 ~ 0 ℃ 的温度下结冰。不易流动水易受蛋白质结构和电荷变化的影响，肉的保水性能主要取决于此类水的保持能力。

自由水是指存在于细胞外间隙中能够自由流动的水，约占水分总量的 15%。

二、蛋白质

肌肉中除水分外主要成分是蛋白质，占肌肉组织的 18% ~ 20%，占肉中固形物的 80%，依其构成位置和在盐溶液中的溶解度可分成三种，即：肌原纤维蛋白质，肌浆蛋白质，肉基质蛋白质。

肌原纤维是肌肉收缩的单位，由丝状的蛋白质凝胶所构成。肌原纤维蛋白质的含量随肌肉活动的增加而增加，并因肌肉静止或萎缩而减少。而且，肌原纤维中的蛋白质与肉的某些重要品质特性（如嫩度）密切相关。肌原纤维蛋白质占肌肉蛋白质总量的 40% ~ 60%，它主要包括肌球蛋白、肌动蛋白、肌动球蛋白和 2 ~ 3 种调节性结构蛋白质。

肌浆是浸透于肌原纤维内外的液体，含有机物与无机物，一般占肉中蛋白质含量的 20% ~ 30%。通常将磨碎的肌肉压榨便可挤出肌浆。它包括肌溶蛋白、肌红蛋白、肌球蛋白 X 和肌粒中的蛋白质等。这些蛋白质易溶于水或低离子强度的中性盐溶液，是肉中最易提取的蛋白质，故称之为肌肉的可溶性蛋白质。其中肌红蛋白与肉及其制品的色泽有直接关系。

肌红蛋白是一种复合性的色素蛋白质，是肌肉呈现红色的主要成分。肌红蛋白由一条肽链的珠蛋白和一个分子的亚铁血色素结合而成。肌红蛋白有多种衍生物，如呈鲜红色的氧合肌红蛋白、呈褐色的高铁肌红蛋白、呈鲜亮红色的 NO 肌红蛋白等。肌红蛋白的含量，因动物的种类、年龄、肌肉的部位不同而不同。

基质蛋白质亦称间质蛋白质，是指肌肉组织磨碎之后在高浓度的中性溶液中充分抽提之后的残渣部分。基质蛋白质是构成肌内膜、肌束膜和腱的主要成分，包括胶原蛋白、弹性蛋白、网状蛋白及黏蛋白等，存在于结缔组织的纤维及基质中，它们均属于硬蛋白类。

三、脂肪

脂肪对肉的食用品质影响甚大，肌肉内脂肪的多少直接影响肉的多汁性和嫩度。动物的脂肪可分为蓄积脂肪和组织脂肪两大类。蓄积脂肪包括皮下脂肪、肾周围脂肪、大网膜脂肪及肌间脂肪等；组织脂肪为脏器内的脂肪。动物性脂肪的主要成分是甘油三酯（三脂肪酸甘油酯），约占 90%，还有少量的磷脂和固醇脂。肉类脂肪有 20 多种脂肪酸。其中饱和脂肪酸以硬脂酸和软脂酸居多；不饱和脂肪酸以油酸居多，其次是亚油酸。磷脂以及胆固醇所构成的脂肪酸酯类是能量来源之一，也是构成细胞的特殊成分，它对肉类制品的质量、颜色、气味具有重要作用。不同动物脂肪的脂肪酸组成不一致，相对来说鸡肉的脂肪和猪肉的脂肪含不饱和脂肪酸较多，牛肉的脂肪和羊肉的脂肪中含不饱和脂肪酸较少。

四、浸出物

浸出物是指除蛋白质、盐类、维生素外能溶于水的浸出性物质，包括含氮浸出物和无氮浸出物。

含氮浸出物为非蛋白质的含氮物质，如游离氨基酸、磷酸肌酸、核苷酸类（ATP、ADP、AMP、IMP）及肌苷、尿素等。这些物质左右肉的风味，为肉的香气的主要来源。例如，ATP除了供给肌肉收缩的能量外，还逐级降解为肌苷酸，这是肉香的主要成分；磷酸肌酸分解成肌酸，肌酸在酸性条件下加热则为肌酐，肌酐可增强熟肉的风味。

无氮浸出物为不含氮的可浸出的有机化合物，包括糖类化合物和有机酸。糖类化合物主要是糖原、葡萄糖、麦芽糖、核糖、糊精，有机酸主要是乳酸及少量的甲酸、乙酸、丁酸、延胡索酸等。

糖原主要存在于肝脏和肌肉中，肌肉中含 0.3%～0.8%，肝脏中含 2%～8%。如果宰杀前的动物消瘦、疲劳及病态，其肉中储备的糖原就少。肌肉中糖原含量的多少对肉的 pH、保水性、颜色等均有影响，并且影响肉的贮藏性。

五、矿物质

矿物质是指一些无机盐类和微量元素，含量占 1.5% 左右。这些无机盐在肉中有的以游离状态存在，如镁、钙离子；有的以螯合状态存在，如肌红蛋白中含铁、核蛋白中含磷。肉中尚含有微量的锰、铜、锌、镍等。肉中的主要矿物质含量见表 1-1-3。

表 1-1-3　肉中的主要矿物质含量 单位：mg/100 g

矿物质	钙	镁	锌	钠	钾	铁	磷	氯
含　量	2.6～8.2	14～31.8	1.2～8.3	36～85	451～297	1.5～5.5	10.～21.3	34～91
平　均	4.0	21.1	4.2	38.5	395	2.7	20.1	51.4

六、维生素

肉中的维生素主要有维生素 A、维生素 B_1、维生素 B_2、维生素 PP、叶酸、维生素 C、维生素 D 等。其中脂溶性维生素较少，但水溶性 B 族维生素含量丰富。猪肉中维生素 B_1 的含量比其他肉类要多得多，而牛肉中叶酸的含量比猪肉和羊肉高。此外，动物的肝脏中几乎各种维生素含量都很高。肉中的主要维生素含量见表 1-1-4。

表 1-1-4　肉中主要维生素含量　　　　　　　　单位：mg/100 g

畜 肉	V_A	V_{B1}	V_{B2}	V_{PP}	泛酸	生物素	叶酸	V_{B6}	V_{B12}	V_D
牛　肉	微量	0.07	0.20	5.0	0.4	3.0	10.0	0.3	2.0	微量
小牛肉	微量	0.10	0.25	7.0	0.6	5.0	5.0	0.3		微量
猪　肉	微量	1.0	0.20	5.0	0.6	4.0	3.0	0.5	2.0	微量
羊　肉	微量	0.15	0.25	5.0	0.5	3.0	3.0	0.4	2.0	微量

任务三　肉的食用品质及物理性质

肉的食用品质及物理性状主要是指肉的色泽、气味、嫩度、肉的保水性以及肉的 pH、容重、比热、肉的冰点等。这些性质在肉的加工贮藏中直接影响肉品的质量。

一、肉的食用品质

（一）肉的色泽

肉的颜色对肉的营养价值并无多大影响，但在某种程度上影响食欲和商品价值。如果是微生物引起的色泽变化则影响肉的卫生质量。

1. 形成肉色的物质

肉的颜色本质上是由肌红蛋白（Mb）和血红蛋白（Hb）产生的。肌红蛋白为肉自身的色素蛋白，肉色的深浅与其含量多少有关。血红蛋白存在于血液中，对肉颜色的影响视放血是否充分而定。在肉中血液残留多则血红蛋白含量也多，肉色深。放血充分的肉色正常，放血不充分或不放血（冷宰）的肉色深且暗。

2. 肌红蛋白的变化

肌红蛋白本身为紫红色，与氧结合可生成氧合肌红蛋白，为鲜红色，是新鲜肉的象征；肌红蛋白和氧合肌红蛋白均可以被氧化生成高铁肌红蛋白，呈褐色，使肉色变暗；肌红蛋白与亚硝酸盐反应可生成亚硝基肌红蛋白，呈亮红色，是腌肉加热后的典型色泽。

3. 影响肌肉颜色变化的因素

（1）环境中的氧含量。环境中氧的含量决定了肌红蛋白是形成 MbO_2 还是 MMb，从而直接影响到肉的颜色。

（2）湿度。环境中的湿度越大，则肉氧化得越慢，因为在肉的表面有水汽层，影响了氧的扩散。如果环境中的湿度低并且空气流动快，则会加速高铁肌红蛋白的形成，使肉色快速变成褐色。例如，牛肉在 8 ℃ 冷藏时，相对湿度为 70% 时，2 d 变成褐色；相对湿度为 100% 时，4 d 变成褐色。

（3）温度。环境温度高会促进肉氧化，温度低则肉氧化得慢。如牛肉在 3～5 ℃ 贮藏时 9 d 变成褐色，0 ℃ 贮藏时 18 d 才变成褐色。因此，为了防止肉变褐氧化，应尽可能在低温下贮藏。

（4）pH。动物在宰杀前糖原消耗过多，尸僵后肉的极限 pH 高，易出现生理异常肉。例如，牛肉会出现 DFD 肉，其肉的颜色较正常肉深暗；猪肉会出现 PSE 肉，其肉色变得苍白。

（5）微生物。肉在贮藏时污染微生物，会使肉的表面颜色发生改变。污染细菌，分解蛋白质使肉色污浊；污染霉菌则在肉的表面形成白色、红色、绿色、黑色等色斑或发出荧光。

（二）肉的风味

肉的风味又称味质，指的是生鲜肉的气味和加热后肉制品的香气和滋味。它是肉中固有成分经过复杂的生物化学变化，产生各种有机化合物所致。其特点是成分复杂多样、含量甚微，用一般方法很难测定，除少数成分外，多数无营养价值，不稳定，加热易破坏和挥发。呈味性能与其分子结构有关，呈味物质均具有各种发香基团，如羟基—OH，羧基—COOH，醛基—CHO，羰基—CO，巯基—SH，酯基—COOR，氨基—NH_2，酰胺基—CONH，亚硝基—NO_2，苯基—C_6H_5。这些肉的味质是通过人的高度灵敏的嗅觉和味觉器官反映出来的。

1. 气味

气味是肉中具有挥发性的物质，随气流进入鼻腔，刺激嗅觉细胞通过神经传导反映到大脑嗅区而产生的一种刺激感。愉快感为香味，厌恶感为异味、臭味。气味的成分十分复杂，有1 000多种，主要有醇、醛、酮、酸、酯、醚、呋喃、吡咯、内酯、糖类及含氮化合物等。

影响肉的气味的因素有：动物种类、性别、饲料等。生鲜肉散发出一种肉腥味，羊肉有膻味，狗肉有腥味，特别是晚去势或未去势的公猪、公牛及母羊的肉有特殊的性气味，在发情期宰杀的动物肉散发出令人厌恶的气味。

某些特殊气味如羊肉的膻味，来源于挥发性低级脂肪酸，如4-甲基辛酸、壬酸、癸酸等，存在于脂肪中。

喂鱼粉、豆粕、蚕饼等饲料会影响肉的气味，饲料中含有硫丙烯、二硫丙烯、丙烯-丙基二硫化物等会转移在肉内，发出特殊的气味。

肉在冷藏时，由于微生物繁殖，在肉的表面形成菌落成为黏液，而后产生明显的不良气味。长时间的冷藏，脂肪自动氧化，解冻肉汁流失，肉质变软使肉的风味降低。

肉在不良环境中贮藏和与带有挥发性物质如葱、鱼、药物等混合贮藏，会吸收外来异味。

2. 滋味

滋味是由溶于水的可溶性呈味物质刺激人的舌面味觉细胞——味蕾，通过神经传导到大脑而反映出来的味感。舌面分布的味蕾可感觉出不同的味道，而肉的香味就是靠舌来感觉的。

肉的鲜味成分来源于核苷酸、氨基酸、酰胺、肽、有机酸、糖类、脂肪等前体物质。关于肉前体的分布，近年来研究较多。例如，把牛肉中的风味前体物质用水提取后，剩下溶于水的肌纤维部分几乎不存在香味物质。另外，在脂肪中人为地加入一些物质，如葡萄糖、肌苷酸、含有无机盐的氨基酸（谷氨酸、甘氨酸、丙氨酸、丝氨酸、异亮氨酸），在水中加热后，结果生成和肉一样的风味，从而证明这些物质为肉风味的前体。

肉风味的产生途径：

（1）美拉德反应。人们很早就知道将生肉汁加热就可以产生肉香味，通过测定成分的变化发现在加热过程中随着大量的氨基酸和绝大多数还原糖的消失，一些风味物质随之产生，这就是所谓的美拉德反应：氨基酸和还原糖反应生成香味物质。此反应较复杂，步骤很多，在大多数生物化学和食品化学书中均有陈述，此处不再一一列出。

（2）脂质氧化。脂质氧化是产生风味物质的主要途径，不同种类风味的差异也主要是由于脂质氧化产物不同所致。肉在烹调时的脂肪氧化（加热氧化）原理与常温时的脂肪氧化相似，但加热氧化由于热能的存在使其产物与常温氧化大不相同。总的来说，常温氧化产生酸败味，而加热氧化产生风味物质。

（3）硫胺素降解。肉在烹调过程中有大量的物质发生降解，其中硫胺素（维生素 B_1）降解所产生的 H2S（硫化氢）对肉的风味，尤其是牛肉味的生成至关重要。H2S 本身是一种呈味物质，更重要的是它可以与呋喃酮等杂环化合物发生反应生成含硫杂环化合物，赋予肉强烈的香味，其中 2-甲基-3-呋喃硫醇被认为是肉中最重要的风味物质。

（4）腌肉风味。亚硝酸盐是腌肉的主要特色成分，它除了有发色作用外，对腌肉的风味也有重要影响。亚硝酸盐（抗氧化剂）抑制了脂肪的氧化，所以腌肉体现了肉的基本滋味和香味，减少了脂肪氧化所产生的具有种类特色的风味。

（三）肉的嫩度

肉的嫩度是消费者最重视的食用品质之一，它决定了肉在食用时的口感，是反映肉的质地的指标。

我们通常所谓的肉嫩或肉老，实质上是对肌肉各种蛋白质结构特性的总体概括，它直接与肌肉蛋白质的结构及某些因素作用下蛋白质发生变性、凝集或分解有关。肉的嫩度总结起来包括以下四个方面的含义：

（1）肉对舌或颊的柔软性，即当舌头与颊接触肉时产生的触觉反应。肉的柔软性变动很大，可从软乎乎的感觉到木质化的结实程度。

（2）肉对牙齿压力的抵抗性，即牙齿插入肉中所需用的力。有些肉硬得难以咬动，而有的肉柔软得几乎对牙齿无抵抗性。

（3）咬断肌纤维的难易程度，指牙齿切断肌纤维的能力，首先要咬破肌外膜和肌束，因此这与肉的结缔组织含量和性质密切有关。

（4）嚼碎程度，可用咀嚼后肉渣剩余的多少以及咀嚼后到下咽时所需的时间来衡量。

1. 影响肌肉嫩度的因素

影响肌肉嫩度的因素主要是结缔组织的含量与性质及肌原纤维蛋白的化学结构状态，它们受一系列的因素影响而变化，从而导致肉嫩度的变化。影响动物肌肉嫩度的宰前因素也很多，主要有以下几项：

（1）畜龄。一般来说，幼龄家畜的肉比老龄家畜嫩，但前者的结缔组织含量反而高于后者。其原因在于幼龄家畜肌肉中胶原蛋白的交联程度低，易受加热作用而裂解。而成年动物的胶原蛋白的交联程度高，不易受热和酸、碱等因素的影响。例如肌肉加热时胶原蛋白的溶解度，牛犊为 19%～24%，2 岁阉公牛为 7%～8%，而老龄牛仅为 2%～3%，并且对酸解的敏感性也降低。

（2）肌肉的解剖学位置。牛的腰大肌最嫩，胸头肌最老。据测定，牛的腰大肌中羟脯氨酸含量比半腱肌少得多；经常参与活动的肌肉，如半膜肌和股二头肌，比不经常参与活动的肌肉（腰大肌）的弹性蛋白含量多。同一肌肉的不同部位嫩度也不同，猪的背部最长肌的外侧比内侧部分要嫩，牛的半膜肌从近端到远端嫩度逐降。

（3）营养状况。凡是营养良好的家畜，肌肉脂肪含量高，大理石纹丰富，肉的嫩度好（肌肉脂肪有冲淡结缔组织的作用）；而消瘦的动物其肌肉脂肪含量低，肉质老。

（4）尸僵和成熟。宰杀后尸僵发生时，肉的硬度会大大增加。因此，肉的硬度又有固有硬度和尸僵硬度之分，前者为刚宰杀后和成熟时的硬度，而后者为尸僵发生时的硬度。肌肉发生异常尸僵时，如冷收缩和解冻僵直，肌肉发生强烈收缩，从而使硬度达到最大。一般肌肉收缩时短缩度达到 40% 时，肉的硬度最大，而超过 40% 反而变为柔软，这是由于肌动蛋白的细丝过度插入而引起 Z 线断裂所致，这种现象称为"超收缩"。僵直解除后，随着成熟的进行，硬度降低，嫩度随之提高，这是由于成熟期间尸僵硬度逐渐消失，Z 线易于断裂之故。

（5）加热处理。加热对肌肉嫩度有双重效应，它既可以使肉变嫩，又可使其变硬，这取决于加热的温度和时间。加热可引起肌肉蛋白质变性，从而发生凝固、凝集和短缩现象。当温度在 65 ~ 75 ℃ 时，肌肉纤维的长度会收缩 25% ~ 30%，从而使肉的嫩度降低，但另一方面，肌肉中的结缔组织在 60 ~ 65 ℃ 会发生短缩，而超过这一温度会逐渐转变为明胶，从而使肉的嫩度得到改善。结缔组织中的弹性蛋白对热不敏感，所以有些肉虽然经过很长时间的煮制但仍很老，这与肌肉中弹性蛋白的含量高有关。

2. 肉的嫩化技术

（1）电刺激。近十几年来，人们对宰杀后用电直接刺激胴体以改善肉的嫩度进行了广泛的研究，尤其对于羊肉和牛肉，通过电刺激提高肉的嫩度的机制尚未充分明了，主要是加速肌肉的代谢，从而缩短尸僵的持续期并降低尸僵的程度，此外，电刺激可以避免羊胴体和牛胴体产生冷收缩。

（2）酶法。利用蛋白酶类可以嫩化肉，常用的酶为植物蛋白酶，主要有木瓜蛋白酶、菠萝蛋白酶和无花果蛋白酶，商业上使用的嫩肉粉多为木瓜蛋白酶。酶对肉的嫩化作用主要是对蛋白质的裂解所致，所以使用时应控制酸的浓度和作用时间，如酶解过度，则肉品会失去应有的质地并产生不良的味道。

（3）醋渍法。将肉在酸性溶液中浸泡可以改善肉的嫩度，据试验，溶液 pH 介于 4.1 ~ 4.6 时嫩化效果最佳，用酸性红酒或醋来浸泡肉较为常见，它不但可以改善肉的嫩度，还可以增加肉的风味。

（4）压力法。给肉施加高压可以破坏肉的肌纤维中的亚细胞结构，使大量 Ca^{2+} 被释放，同时也释放组织蛋白酶，使得蛋白水解活性增强，一些结构蛋白质被水解，从而导致肉的嫩化。

（5）碱嫩化法。用肉质量的 0.4% ~ 1.2% 的碳酸氢钠或碳酸钠溶液对牛肉进行注射或浸泡腌制处理，可以显著提高牛肉的 pH 和保水能力，降低烹饪损失，改善熟肉制品的色泽，使结缔组织的热变性提高，从而使肌原纤维蛋白对热变性有较大的抗性，所以肉的嫩度提高。

（四）肉的保水性

肉的保水性即持水性、系水性，指肉在压榨、加热、切碎搅拌等外界因素的作用下，保持原有水分和添加水分的能力。肉的保水性是一项重要的肉质性状，这种特性对肉品加工的质量和产品的数量都有很大影响。

1. 肉的保水性的理化基础

肌肉中的水是以结合水、不易流动水和自由水三种形式存在的。其中不易流动水主要存在于细胞内、肌原纤维及膜之间，度量肌肉的保水性主要指的是这部分水，它取决于肌原纤维蛋白质的网状结构及蛋白质所带的净电荷的多少。蛋白质处于膨胀胶体状态时，网状空间大，保水性就高；反之处于紧缩状态时，网状空间小，保水性就低。

2. 影响肉的保水性的因素

（1）肉的 pH 对保水性的影响

肉的 pH 对保水性的影响实质是蛋白质分子的静电效应。蛋白质分子所带的净电荷对蛋白质的保水性具有两方面的意义：其一，净电荷是蛋白质分子吸引水的强有力的中心；其二，由于净电荷使蛋白质分子间具有静电斥力，因而可以使其结构松弛，增加保水效果。对肉来讲，净电荷如果增加，保水性就得以提高，净电荷减少，则保水性降低。

添加酸或碱来调节肌肉的 pH，并借助加压的方法测定其保水性能时可知，肉的保水性随 pH 的高低而发生变化。当 pH 在 5.0 左右时，肉的保水性最低。保水性最低时的 pH 几乎与肌动球蛋白的等电点一致。如果稍稍改变 pH，就可引起保水性的很大变化。任何影响肉 pH 变化的因素或处理方法均可影响肉的保水性，尤以猪肉为甚。在肉制品加工中常采用添加磷酸盐的方法来调节 pH 至 5.8 以上，以提高肉的保水性。

（2）动物因素

畜禽的种类、年龄、性别、饲养条件、肌肉部位及屠宰前后的处理等因素对肉的保水性都有影响。兔肉的保水性最佳，依次为牛肉、猪肉、鸡肉、马肉。就年龄和性别而论，牛肉的保水性依次是去势牛>成年牛>母牛>幼龄牛>老龄牛，成年牛随体重的增加而保水性降低。试验表明：猪的冈上肌保水性最好，依次是胸锯肌>腰大肌>半膜肌>股二头肌>臀中肌>半键肌>背最长肌。其他骨骼肌较平滑肌为佳，颈肉、头肉比腹部肉、舌肉的保水性好。

（3）尸僵和成熟

当 pH 降至 5.4～5.5，达到了肌原纤维的主要蛋白质肌球蛋白的等电点，即使没有蛋白质的变性，其保水性也会降低。此外，由于 ATP 的丧失和肌动球蛋白的形成，使肌球蛋白和肌动蛋白间的有效空隙大为减少，这种结构的变化也使肉的保水性大为降低。而蛋白质的某种程度的变性，也是动物死后不可避免的结果。肌浆蛋白质在高温、低 pH 的作用下沉淀到肌原纤维蛋白质之上，进一步影响了后者的保水性。

僵直期后（约 1～2 d），肉的水合性逐渐升高，肉僵直逐渐解除。一种原因是蛋白质分子分解成较小的单位，引起肌肉纤维渗透压增高所致；另一种原因可能是引起蛋白质净电荷（实效电荷）增加及主要价键分裂，使蛋白质结构疏松，有助于蛋白质水合离子的形成，因而肉的保水性增加。

（4）无机盐

一定浓度食盐具有增加肉的保水能力的作用。这主要是因为食盐能使肌原纤维发生膨胀。肌原纤维在一定浓度食盐存在下，大量氯离子被束缚在肌原纤维间，增加了负电荷引起的静电斥力，导致肌原纤维膨胀，使保水力增强。另外，食盐腌肉使肉的离子强度增高，肌纤维蛋白质数量增多。在这些纤维状肌肉蛋白质加热变性的情况下，将水分和脂肪包裹起来凝固，使肉的保水性提高。通常肉制品中食盐含量在 3% 左右。

磷酸盐能结合肌肉蛋白质中的 Ca^{2+}、Mg^{2+}，使蛋白质的羧基被解离出来，由于羧基间负电荷的相互排斥作用使蛋白质结构松弛，提高了肉的保水性，较低浓度的磷酸盐就具有较高的离子强度，使处于凝胶状态的球状蛋白质的溶解度显著增加，提高了肉的保水性。焦磷酸盐和三聚磷酸盐可将肌动球蛋白解离成肌球蛋白和肌动蛋白，使肉的保水性提高。肌球蛋白是决定肉的保水性的重要成分，但肌球蛋白遇热不稳定，其凝固温度为 42 ~ 51 ℃，在盐溶液中 30 ℃就开始变性。肌球蛋白过早变性会使其保水能力降低。聚磷酸盐对肌球蛋白变性有一定的抑制作用，可使肌肉蛋白质的保水能力稳定。

（5）加热

肉加热时保水能力明显降低，加热程度越高保水能力下降越明显。这是由于蛋白质的热变性作用，使肌原纤维紧缩，空间变小，不易流动水被挤出。

二、肉的物理性质

肉的物理性质有以下几项指标：

（1）肉的体积质量：是指每立方米体积的肉的质量（kg/m³）。肉的体积质量的大小与动物种类、肥度有关，脂肪含量多则体积质量小。如去掉脂肪的牛、羊、猪肉体积质量为 1 020 ~ 1 070 kg/m³，猪肉为 940 ~ 960 kg/m³，牛肉为 970 ~ 990 kg/m³，猪脂肪为 850 kg/m³。

（2）肉的比热：是指 1 kg 肉升降 1 ℃所需的热量。它受肉的含水量和脂肪含量的影响，含水量多比热大，其冻结或溶化潜热增高，肉中脂肪含量多则相反。

（3）肉的热导率：是指肉在一定温度下，每小时每米传导的热量（以 kJ 计）。肉的热导率受肉的组织结构、部位及冻结状态等因素的影响，很难准确地测定。肉的热导率大小决定了肉冷却、冻结及解冻时温度升降的快慢。肉的热导率随温度下降而增大。因冰的热导率比水大 4 倍，因此，冻肉比鲜肉更易导热。

（4）肉的冰点：是指肉中水分开始结冰的温度，也叫冻结点。它取决于肉中盐类的浓度，浓度愈高，冰点愈低。纯水的冰点为 0 ℃，而肉中含水分 60% ~ 70%，并且有各种盐类，因此肉的冰点低于水。一般猪肉、牛肉的冻结点为 − 1.2 ~ − 0.6 ℃。

任务四　肉的成熟与变质

畜禽屠宰后，屠体的肌肉内部在组织酶和外界微生物的作用下，发生一系列生化变化，动物刚屠宰后，肉温还没有散失，肉质柔软且具有较小的弹性，这种处于生鲜状态的肉称为热鲜肉。经过一定时间后，肉的伸展性消失，肉体变为僵硬状态，这种现象称为死后僵直，此时加热不易煮熟，保水性差，加热后重量损失大，不适合于加工成肉制品。随着贮藏时间的延长，僵直缓解，经过自身解僵，肉变得柔软，同时保水性增加，风味提高，此过程称为肉的成熟。成熟肉在不良条件下贮存，经酶和微生物的作用、分解变质，称为肉的腐败。畜禽屠宰后，肉会经过尸僵、成熟、腐败等一系列变化。在肉品工业生产中，要控制尸僵、促进成熟、防止腐败。

一、尸僵

畜禽屠宰后的肉尸，肉的伸展性逐渐消失，由弛缓变为紧张，无光泽，关节不能活动，呈现僵硬状态，称作尸僵。

处于僵硬期的肉，肌纤维粗糙较硬，肉汁变得不透明，有不愉快的气味，食用价值及滋味都较差。尸僵的肉硬度大，加盐时不易煮熟，肉汁流失多，缺乏风味，不具备可食肉特征。

（一）尸僵发生的原因

尸僵发生的原因主要是由于肉中 ATP 减少及 pH 下降所致。动物屠宰后，呼吸停止，失去神经调节，生理代谢机能遭到破坏，维持肌质网微小器官机能的 ATP 水平降低，势必使肌质网机能失常，肌小胞体失去钙泵作用，Ca^{2+} 失控逸出而不被收回。高浓度 Ca^{2+} 激发了肌球蛋白 ATP 酶的活性，从而加速 ATP 的分解，同时使 Mg-ATP 解离，最终使肌动蛋白与肌球蛋白结合形成肌动球蛋白，引起肌肉的收缩，表现为僵硬。由于动物死后，呼吸停止，在缺氧情况下糖原酵解产生乳酸，同时磷酸肌酸分解为磷酸，酸性产物的蓄积使肉的 pH 下降。尸僵时肉的 pH 降低至糖酵解酶活性消失不再继续下降时，达到最终 pH 或极限 pH。极限 pH 越低，肉的硬度越大。

（二）尸僵开始和持续的时间

尸僵开始和持续的时间因动物的种类、品种、宰前状况、宰后肉的变化及不同部位而异。一般哺乳动物发生较晚，鱼类肉尸僵发生较早；不放血致死较放血致死发生早；温度高发生得早，持续的时间短；温度低则发生得晚，持续时间长。表 1-1-5 所示为不同动物尸僵开始和持续的时间。

表 1-1-5　不同动物尸僵开始和持续的时间

动物种类	开始时间/h	持续时间/h
牛肉尸	死后 10	15～24
猪肉尸	死后 8	72
鸡肉尸	死后 2.5～4.5	6～12
兔肉尸	死后 1.5～4	4～10
鱼肉尸	死后 0.1～0.2	2

二、肉的成熟

肉达到最大尸僵以后即开始解僵软化进入成熟阶段。

肉成熟是指肉僵直后在无氧酵解酶的作用下，食用质量得到改善的一种生物化学变化过程。肉僵硬过后，肌肉开始柔软嫩化，变得有弹性，切面富有水分，具有香气和滋味，且易于煮烂和咀嚼，这种肉称为成熟肉。

（一）肉成熟的基本机制

肉在成熟期间，肌原纤维和结缔组织的结构发生明显的变化。

1. 肌原纤维小片化

刚屠宰后的肌原纤维和活体肌肉一样，是 10～100 个肌节相连的长纤维状，而在肉成熟时则断裂为 1～4 个肌节相连的小片状。

2. 结缔组织的变化

肌肉中结缔组织的含量虽然很低（占总蛋白的 5% 以下），但是由于其性质稳定、结构特殊，在维持肉的弹性和强度上起着非常重要的作用。在肉的成熟过程中胶原纤维的网状结构变得松弛，由规则、致密的结构变成无序、松散的状态。同时，存在于胶原纤维间以及胶原纤维上的黏多糖被分解，这可能是造成胶原纤维结构变化的主要原因。胶原纤维结构的变化直接导致了胶原纤维剪切力的下降，从而使整个肌肉的嫩度得以改善。

（二）成熟肉的特征

成熟肉的特征是：

（1）肉呈酸性环境。

（2）肉的横切面有肉汁流出，切面潮湿，具有芳香味和微酸味，容易煮烂，肉汤澄清透明，具肉香味。

（3）肉表面形成干膜，有羊皮纸样感觉，可防止微生物的侵入和减少干耗。

肉在供食用之前，原则上都需要经过成熟过程来改进其品质，特别是牛肉和羊肉，成熟对提高风味是非常必要的。

（三）成熟对肉质的作用

成熟对肉质的作用如下：

（1）嫩度改善。随着肉成熟的发展，肉的嫩度产生显著的变化。刚屠宰之后肉的嫩度最好，在极限 pH 时嫩度最差。成熟肉的嫩度有所改善。

（2）肉的保水性提高。肉在成熟时，保水性又有回升。一般宰后 2~4 d，pH 下降，极限pH 在 5.5 左右，此时水合率为 40%~50%；最大尸僵期以后 pH 为 5.6~5.8，水合率可达 60%。因此，肉成熟时 pH 偏离了等电点，肌动球蛋白解离，扩大了空间结构和极性吸引，使肉的吸水能力增强，肉汁的流失减少。

（3）蛋白质的变化。肉在成熟的过程中，肌肉中许多酶类对某些蛋白质有一定的分解作用，从而促使肌肉中盐溶性蛋白质的浸出性增加。伴随肉的成熟，蛋白质在酶的作用下，肽链解离，使游离的氨基酸增多，肉的水合力增强，变得柔嫩多汁。

（4）风味的变化。在肉成熟的过程中，改善肉风味的物质主要有两类，一类是 ATP 的降解物——次黄嘌呤核苷酸（IMP），另一类则是组织蛋白酶类的水解产物——氨基酸。随着肉的逐渐成熟，肉中浸出物和游离氨基酸的含量增加，多种游离氨基酸存在，且谷氨酸、精氨酸、亮氨酸、缬氨酸和甘氨酸较多，这些氨基酸都具有增加肉的滋味或有改善肉质香气的作用。

（四）成熟的温度和时间

原料肉成熟的温度和时间不同，肉的品质也不同（见表 1-1-6）。

表 1-1-6　成熟方法与肉品质量

温　度	成熟条件	成熟时间	肉品质	贮藏性
0~4 ℃	低温成熟	时间长	肉质好	耐贮藏
7~20 ℃	中温成熟	时间较短	肉质一般	不耐贮藏
>20 ℃	高温成熟	时间短	肉质劣化	易腐败

通常在 1 ℃、硬度消失 80% 的情况下，肉成熟的时间：成年牛肉需 5~10 d，猪肉 4~6 d，马肉 3~5 d，鸡 0.5~1 d，羊和兔肉 8~9 d。

肉成熟的时间越长，肉质越柔软，但风味并不相应地增强。牛肉以 1 °C、11 d 成熟为最佳；猪肉由于不饱和脂肪酸较多，时间长易氧化使风味变劣。羊肉因自然硬度（结缔组织含量）小，通常采用 2~3 d 成熟。

（五）影响肉成熟的因素

1. 物理因素

（1）温度。温度对肉的嫩化速率影响很大，它们之间呈正相关关系。在 0~4 °C 范围内，每增加 10 °C，嫩化速度提高 2.5 倍。当温度高于 60 °C 后，由于有关酶类蛋白质变性，导致嫩化速率迅速下降，所以加热烹调就终断了肉的嫩化过程。据测试，牛肉在 1 °C 完成 80% 的嫩化需 10 d，在 10 °C 时缩短到 4 d，而在 20 °C 时只需要 1.5 d。在卫生条件好的环境中，适当提高温度可以缩短肉的成熟期。

（2）电刺激。在肌肉僵直发生后进行电刺激，可以加速僵直的发展，嫩化也随之提前，这样就减少了肉成熟所需要的时间。例如，一般需要成熟 10 d 的牛肉，应用电刺激后只需要 5 d。

（3）机械作用。肉成熟时，将跟腱用钩挂起，此时主要是腰大肌受牵引。如果将臀部用钩挂起，不但腰大肌短缩、被抑制，而且半腱肌、半膜肌、背最长肌均受到拉伸作用，这样可以使肉有较好的嫩度。

2. 化学因素

宰前注射肾上腺素、胰岛素等，使动物在活体时加快肌肉中的糖代谢，肌肉中的糖原大部分被消耗或从血液中排除掉，宰后肌肉中的糖原和乳酸含量减少，肉的 pH 较高，达到 6.4~6.9 的水平，这样可以使肉始终保持在柔软状态。

3. 生物学因素

基于肉内蛋白酶活性可以促进肉质软化，可采用添加蛋白酶的方式强制其软化。用微生物和植物酶可使尸僵硬度减少，常用的有木瓜酶。具体方法是：在宰前静脉注射或宰后肌内注射，宰前注射能够避免动物因脏器损伤而休克或死亡。木瓜酶的最佳作用温度 ≥50 °C，低温时也有作用。

三、肉的变质

肉类的变质是成熟过程的继续。肌肉中的蛋白质在组织酶的作用下，分解生成水溶性蛋白肽及氨基酸，完成了肉的成熟。若成熟继续进行，蛋白质进一步水解，生成胺、氨、硫化氢、酚、吲哚、粪嗅素、硫化醇，则发生蛋白质的腐败，同时发生脂肪的酸败和糖的酵解，产生对人体有害的物质，称之为肉的变质。

（一）肉变质的原因

健康动物的血液和肌肉通常是无菌的，肉类的腐败实际上是由外界污染的微生物在其表面繁殖所致。表面微生物沿血管进入肉的内层，并进而伸入到肌肉组织。在适宜条件下，浸入肉中的微生物大量繁殖，以各种各样的方式使肉质变化，产生许多对人体有害甚至使人中毒的代谢产物。

1. 微生物对糖类的作用

许多微生物均优先利用糖类作为其生长的能源。好气性微生物在肉的表面生长，通常把糖完全氧化成二氧化碳和水。如果氧的供应受阻或因其他原因氧化不完全时，则有一定程度的有机酸积累，肉的酸味即由此而来。

2. 微生物对脂肪的腐败作用

微生物对脂肪可进行两类酶促反应：一是由其分泌的脂肪酶分解脂肪，产生游离脂肪酸和甘油，如霉菌以及细菌中的假单胞菌属、无色菌属、沙门氏菌属等都是能产生脂肪分解酶的微生物；另一种则是由氧化酶通过 β-氧化作用氧化脂肪酸。这些反应的某些产物常被认为是酸败气味和滋味的来源。但是，肉和肉制品中严重的酸败问题不是由微生物引起的，而是因空气中的氧在光线、温度以及金属离子催化下进行氧化的结果。

3. 微生物对蛋白质的腐败作用

微生物对蛋白质的腐败作用是各种食品变质中最复杂的一种，这与天然蛋白质的结构非常复杂以及腐败微生物的多样性密切相关。有些微生物如梭状芽孢菌属、变形杆菌属和假单胞菌属的某些种类以及其他的种类，可分泌蛋白质水解酶，迅速把蛋白质水解成可溶性的多肽和氨基酸。而另一些微生物尚可分泌水解明胶和胶原蛋白的明胶酶和胶原酶以及水解弹性蛋白质和角蛋白质的弹性蛋白酶和角蛋白酶。有许多微生物不能作用于蛋白质，但能对游离氨基酸及低肽起作用，将氨基酸氧化脱氨生成胺和相应的酮酸。另一种途径则是使氨基酸脱去羧基，生成相应的胺。此外，有些微生物尚可使某些氨基酸分解，产生吲哚、甲基吲哚、甲胺和硫化氢等。在蛋白质、氨基酸的分解代谢中，酪胺、尸胺、腐胺、组胺和吲哚等对人体有毒，而吲哚、甲基吲哚、甲胺硫化氢等则具有恶臭，是肉类变质发臭的原因。

（二）影响肉变质的因素

影响肉腐败变质的因素很多，如温度、湿度、pH、渗透压、空气中的含氧量等。温度是决定微生物生长繁殖的重要因素，温度越高微生物繁殖发育越快。水分是仅次于温度决定肉食品微生物生长繁殖的因素，一般霉菌和酵母菌比细菌耐受较高的渗透压，pH 对细菌的繁殖极为重要，所以肉的最终 pH 对防止肉的腐败具有十分重要的意义。空气中的含氧量越高，肉的氧化速度越快，就越易腐败变质。

任务五 各种畜禽肉的特征及品质评定

一、各种畜禽肉的特征

1. 牛肉

正常的牛肉呈红褐色，组织硬而有弹性。营养状况良好的牛，肉组织间夹杂着白色的脂肪，形成所谓"大理石状"。有特殊的风味，其成分大约为：水分 73%，蛋白质 20%，脂肪 3% ~ 10%。鉴定牛肉时根据其风味、外观、脂肪等即可以大致评定。

2. 猪肉

猪肉的肉色鲜红而有光泽，因部位不同，肉色有差异；肌肉紧密，富有弹性，无其他异常气味，具有肉的自然香味；脂肪的蓄积量比其他肉类多，凡是脂肪白而硬且带有芳香味时，一般是优等的肉。

3. 绵羊肉及山羊肉

绵羊肉纤维细嫩，有一种特殊的风味，脂肪硬。山羊肉比绵羊肉带有浓厚的红土色。种公羊有特殊的腥臭味，屠宰时应加以适当的处理。幼绵羊及幼山羊的肉，俗称羔羊肉，味鲜美细嫩，有特殊风味。

4. 鸡肉

鸡肉纤维细嫩，部位不同，颜色也有差异；腿部略带灰红色，胸部及其他部分呈白色；脂肪柔软、熔点低。鸡皮组织以结缔组织为主，因富于脂肪而柔软、味美。

5. 兔肉

兔肉的肉色粉红，肉质柔软，具有一种特殊的清淡风味；脂肪在外观上柔软，但熔点高。兔肉本身味道很清淡。

二、肉品质的感官评定

感官鉴定对肉品的加工、选择原料方面有着重要的作用。感官鉴定主要从以下几个方面进行：

视觉——肉的组织状态、粗嫩、黏滑、干湿、色泽等。

嗅觉——气味的有无、强弱、香、臭、腥臭等。

味觉——滋味的鲜美、香甜、苦涩、酸臭等。

触觉——坚实、松弛、弹性、拉力等。

听觉——检查冻肉、罐头的声音的清脆、混浊及虚实等。

1. 新鲜肉

新鲜肉的外观、色泽、气味都正常，肉的表面有稍带干燥的"皮膜"，呈浅玫瑰色或淡红色；切面稍带潮湿而无黏性，并具有各种动物肉特有的光泽；肉汁透明，肉质紧密，富有弹性；用手指按时凹陷处立即复原；无酸臭味而带有鲜肉的自然香味；骨骼内部充满骨髓并有弹性，带黄色，骨髓与骨的折断处相齐；骨的折断处发光；腱紧密而具有弹性，关节表面平坦而发光，其渗出液透明。

2. 陈旧肉

陈旧肉的表面有时带有黏液，有时很干燥，表面与切口处都比鲜肉发暗，切口潮湿而有黏性，如在切口处盖一张吸水纸，会留下许多水迹；肉汁混浊无香味，肉质松软，弹性小，用手指按，凹陷处不能立即复原；有时肉的表面发生腐败现象，稍有酸霉味，但深层还没有腐败的气味；密闭煮沸后有异味，肉汤混浊不清，汤的表面油滴细小，有时带腐败味；骨髓比新鲜的软一些，无光泽，带暗白色或灰色，腱柔软，呈灰白色或淡灰色，关节表面为黏液所覆盖，其液混浊。

3. 腐败肉

腐败肉的表面有时干燥，有时非常潮湿而带黏性；通常在肉的表面和切口有霉点，呈灰白色或淡绿色，肉质松软无弹力，用手按时凹陷处不能复原，不仅表面有腐败现象，在肉的深层也有浓厚的酸败味；密闭煮沸后，有一股难闻的臭味，肉汤呈污秽状，表面有絮片，汤的表面几乎没有油滴；骨髓软弱无弹性，颜色暗黑，腱潮湿呈灰色，为黏液所覆盖；关节表面由黏液深深覆盖，呈血浆状。

实训一　原料肉品质的评定

【目的要求】

通过评定或测定原料肉的颜色、酸度、保水性、嫩度、大理石纹及熟肉率，对原料肉品质做出综合评定。

【材料用具】

1. 原料：猪半胴体。

2. 用具：肉色评分标准图、大理石纹平分图、定性中速滤纸、酸碱度计、钢环允许膨胀压缩仪、取样品、LM-嫩度计、书写用硬质塑料板、分析天平。

【方法步骤】

1. 肉色

猪宰后 2 ~ 3 h 内取最后胸椎处背最长肌的新鲜切面，在室内正常光线下用目测评分法评定，评分标准见实训表 1。应避免在阳光直射或室内阴暗处评定。

实训表 1　肉色评分标准

肉　色	灰　白	微　红	正常鲜红	微暗红	暗　红
评　分	1	2	3	4	5
结　果	劣质肉	不正常肉	正常肉	正常肉	正常肉*

注：*为美国《肉色评分标准图》的标准，因我国的猪肉颜色较深，故评分 3 ~ 4 者为正常。

2. 肉的酸碱度

宰杀后在 45 min 内直接用酸碱度计测定背最长肌的酸碱度。测定时先用金属棒在肌肉上刺一个孔，按国际惯例，用最后胸椎部背最长肌中心处的 pH 表示。正常肉的 pH 为 6.1 ~ 6.4，灰白水样肉（PSE）的 pH 一般为 5.1 ~ 5.5。

3. 肉的保水性

测定保水性使用最普遍的方法是压力法，既施加一定的重量或压力，测定被压出的水量与肉重之比或按压出水所湿面积之比。我国现行的测定方法是用 35 kg 重量压力法度量肉样的失水率，失水率越高，系水力越低，保水性越差。

（1）取样。在第 1 ~ 2 腰椎背最长肌处切取 1.0 mm 厚的薄片，平置于干净橡皮片上，再用直径 2.523 cm 的圆形取样器（圆面积为 5 cm²）切取中心部位肉样。

（2）测定。切取的肉样用感量为 0.001 g 的天平称重后，将肉样置于两层纱布间，上下各垫 18 层定性中速滤纸，滤纸外各垫一块书写用硬质塑料板，然后放置于改装钢环允许膨胀压缩仪上，用均速摇动把加压至 35 kg，保持 5 min，解除压力后立即称量肉样重。

（3）计算。失水率=加压后肉样重 ÷ 加压前肉样重 × 100%

计算系水率时，需在同一部位另采肉样 50g，按常规方法测定含水量后按下列公式计算：

$$系水率 = 肌肉总重量 - 肉样失水量/肌肉总水分量 × 100\%$$

4. 肉的嫩度

嫩度评定分为主观评定和客观评定两种方法。

（1）主观评定。主观评定是依靠咀嚼和舌与颊对肌肉的软、硬与咀嚼的难易程度等方法进行综合评定。感官评定的优点是比较接近正常食用条件下对嫩度的评定。但评定人员须经专门训练。感官评定可从以下三个方面进行：① 咬断肌纤维的难易程度；② 咬碎肌纤维的难易程度或达到正常吞咽程度时的咀嚼次数；③ 剩余残渣量。

（2）客观评定。用肌肉嫩度计（LM-嫩度计）测定剪切力的大小来客观表示肌肉的嫩度。实验表明，剪切力与主观评定之间的相关系数达 0.60 ~ 0.85，平均为 0.75。

测定时在一定温度下将肉样煮熟，用直径为 1.27 cm 的取样器切取肉样，在室温条件下置于剪切仪上测量剪切肉样所需的力，用千克(kg)表示，其数值越小，肉越嫩。重复三次计算其平均值。

5. 大理石纹

大理石纹反映了一块肌肉可见脂肪的分布状况，通常以最后一个胸椎处的背最长肌为代表，用目测评分法评定：脂肪只有痕迹评 1 分；微量脂肪评 2 分；少量脂肪评 3 分；适量脂肪评 4 分；过量脂肪评 5 分。目前暂用大理石纹评分标准图测定，如果评定鲜肉时脂肪不清楚，可将肉样置于冰箱内在 4 ℃下保持 24 h 后再评定。

6. 熟肉率

将完整腰大肌用感量为 0.1 g 的天平称重后，置于蒸锅屉上蒸煮 45 min，取出后冷却 30 ~ 40 min 或吊挂于室内无风阴凉处，30 min 后称重，用下列公式计算：

$$熟肉率 = 蒸煮后肉样重/蒸煮前肉样重 × 100\%$$

【实训作业】

根据实验结果，对原料肉品质做出综合评定，写出实训报告。

思 考 题

1. 简述肌肉的构造。
2. 肌肉中的蛋白质分为哪几类？各有何特性？
3. 脂肪在肉制品加工中的作用有哪些？
4. 肉中的水分是如何分类的？
5. 形成肉色的物质是什么？影响肉色变化的因素有哪些？

6. 简述影响肉嫩度的因素？肉的嫩化技术有哪些？

7. 何谓肉的保水性？影响因素主要有哪些？

8. 影响肉风味的主要因素有哪些？

9. 何谓肉的尸僵？尸僵肉有哪些特征？

10. 何谓肉的成熟？影响肉成熟的因素有哪些？

11. 简述肉变质的原因及影响肉变质的因素。

项目二　畜禽的屠宰与分割

【知识目标】 了解畜禽屠宰的准备与管理要求，熟悉屠宰方法和屠宰工艺流程，掌握屠宰加工主要工序的操作方法和加工要点。

【技能目标】 熟知畜禽屠宰加工的主要工序，学会正确操作，知道原料肉的分割。

【素质目标】 培养学生解决畜禽操作与分割中出现的实际问题的能力。

任务一　畜禽宰前准备

一、肉用畜禽的选择

凡是提交屠宰的畜禽，必须符合国家颁布的《家畜家禽防疫条例》《肉品检验规程》的有关规定，经检疫人员出具检疫证明，保证健康无病，方可作为屠宰对象。此外，要求畜禽年龄适当，以肥度适中、屠宰率高为原则。

1. 畜禽性别

畜禽性别可以影响肌肉的品质。一般来讲，雄性畜禽，特别是猪，肌肉脂肪少，肌纤维粗，肉质有粗糙感。公猪具有特异性气味，不适合作为肉品原料，若作为肉品原料则必须尽早去势，晚去势的公猪肉质粗糙，缺乏香味。雄性猪去势后各部位比较充实匀称，瘦肉率高，肉质及风味都较好。

2. 年龄及适宰时期

幼龄畜禽的肉，水分含量多，脂肪含量少，肌肉松弛，肉味不好，除乳猪、牛犊用作特殊加工外，不适合作为屠宰肉用。一般多选择成年畜禽作为原料。而老龄动物肉质粗糙，风味颜色对肉质也有影响。特别是猪，受育种、饲料等因素影响较多。猪的生长规律是小猪长骨，中猪长肉，大猪长膘。按各组织器官阶段生长发育规律，找出增重最快、瘦肉率最多的屠宰时期是最理想的。

猪在 5 月龄 85 kg 左右，牛在 2～3 岁 500 kg 左右，鸡在 1.25 kg 以上，鸭在 1.5 kg 以上，鹅在 2.5 kg 以上，均适于屠宰。

3. 营养状况

猪是动物性、植物性饲料都能摄取的杂食动物，饲料利用率高于其他家畜，但猪是单胃，对纤维消化能力弱。而草食动物（牛、羊）存在四个胃可以反刍，对草类等粗饲料能够有效利用。因此猪肥育快并且脂肪蓄积较多。营养状况极端不良、过于消瘦的畜禽不适于作加工用，理想的原料猪即不过肥也不过瘦。最近日本、西欧一些国家利用超声波测量生猪体内的脂肪厚度和瘦肉厚度来选择原料猪。

牛、羊、禽过于消瘦者，不能作为加工原料，而要求肥一些或肥瘦适中。

4. 饲料

适合肉用猪的饲料，在育成前期，淀粉质饲料（谷类、甘薯类）应占 55% ~ 65%，蛋白质饲料（鱼粕类）占 10% ~ 15%，米糠类和豆粕占 25% ~ 30%。淀粉质饲料给予多，能使脂肪坚实、肉质良好，而米糠和豆粕给予多则脂肪软。软肌的肉在冷却时缺乏紧凑性，特别是在油类饲料给量多的情况下显著变软，这样的肉也不适合加工用。喂鱼粕多的猪肉会带有鱼腥味，喂剩饭和鱼粉多的猪肉则脂肪发黄，为黄脂猪，均不适合加工用。

二、屠宰前的准备

1. 待屠宰畜禽的饲养

畜禽运到屠宰场经兽医检验合格后，按产地、批次及强弱等情况进行分圈分群饲养。对肥度良好的畜禽所喂饲量，以能恢复途中蒙受的损失为原则；对瘦弱畜禽的饲养应当采取肥育饲养的方法进行饲养，以在短期内达到迅速增重、长膘、改善肉质的目的。

2. 宰前休息

屠宰前休息有利于放血和消除应激反应，目前国内外所采用的当日运输当日屠宰的方法显然是不合适的，在驱赶时禁止鞭棍打、惊恐及冷热刺激。

3. 宰前禁食、供水

屠宰畜禽在宰前 12 ~ 24 h 断食。断食时间必须适当，一般牛、羊宰前断食 24 h，猪 12 h，家禽 18 ~ 24 h。断食时，应供给足量的 1% 的食盐水，使畜体进行正常的生理机能活动，调节体温，促进粪便排泄，以便放血完全，获得高质量的屠宰产品。为了防止屠宰畜禽倒挂放血时胃内容物从食道流出污染胴体，宰前 2 ~ 4 h 应停止给水。

4. 猪屠宰前的淋浴

水温 20 ℃，喷淋猪体 2 ~ 3 min，以洗净体表污物为宜。淋浴使猪有凉爽舒适的感觉，促使外周毛细血管收缩，便于放血充分。

任务二　屠宰加工

一、家畜的屠宰加工工艺

各种家畜的屠宰工艺都包括击晕、刺杀放血、烫毛或剥皮、开膛解体、屠体整修、检验盖印等工序。

（一）击晕

应用物理的（如机械的、电击的、枪击的）、化学的（吸入 CO_2）方法，使家畜在宰杀前短时间内处于昏迷状态，称为击晕。击晕能避免屠畜宰杀时嚎叫、挣扎而消耗过多的糖原。使宰后肉尸保持较低的 pH，增强肉的贮藏性。

1. 电击晕

生产上称作"麻电"。它是使电流通过屠畜，以麻痹中枢神经而晕倒。此法还能刺激心脏活动，便于放血。

我国使用的麻电器。猪麻电器有手握式和自动触电式两种。手握式麻电器使用时工人穿胶鞋并带胶手套，手持麻电器，两端分别浸沾 5% 的食盐水（增加导电性），但不可将两端同时浸入盐水，以免短路。用力将电极的一端按在猪皮肤与耳根交界处 1～4 s 左右即可。

牛麻电器有两种形式：手持式和自动麻电装置。羊的麻电器与猪的手持式麻电器相似。我国目前多采用低电压（见表 1-2-1）。而国外多采用高电压。

表 1-2-1 畜禽屠宰时的电击晕条件

畜 种	电 压/V	电流强度/A	麻电时间/s
猪	70～100	0.5～1.0	1～4
牛	75～120	1.0～1.5	5～8
羊	90	0.2	3～4
兔	75	0.75	2～4
家禽	65～85	0.1～0.2	3～4

2. CO_2 麻醉法

丹麦、德国、美国、加拿大等国家采用该法。室内气体组成为：CO_2 65%～75%，空气 25%～35%。将猪赶入麻醉室 15 s 后，意识即完全消失。

（二）刺杀放血

家畜致昏后将后腿拴在滑轮的套腿或铁链上。经滑车轨道运到放血处进行刺杀，放血。家畜击晕后应快速放血，以 9～12 s 为最佳，最好不超过 30 s，以免引起肌肉出血。

1. 刺颈放血

此法比较合理，普遍应用于猪的屠宰。刺杀部位，猪在第一对肋骨水平线下方 3.5～4.5 cm 处。放血口不大于 5 cm，切断前腔静脉和双颈动脉干，不要刺破心脏和气管。这种方法放血彻底。每刺杀一头猪，刀要在 82 ℃ 的热水中消毒一次。

牛的刺杀部位在距离胸骨 16～20 cm 的颈下中线处斜向上方刺入胸腔 30～35 cm，刀尖再向左偏，切断颈总动脉。

羊的刺杀部位在右侧颈动脉下颌骨附近，将刀刺入，避免刺破气管。

2. 切颈放血

此法应用于牛、羊，为清真屠宰普遍采用的方法。用大脖刀在靠近颈前部横刀切断三管（血管、气管和食管）。此法操作简单，但血液易被胃内容物污染。

3. 心脏放血

在一些小型屠宰场和广大农村屠宰猪时多用此法，是从颈下直接刺入心脏放血。优点是放血快，死亡快，但是放血不全，且胸腔易积血。

4. 倒悬放血时间

倒悬放血时间：牛 6 ~ 8 min，猪 5 ~ 7 min，羊 5 ~ 6 min；平卧式放血需延长 2 ~ 3 min。如从牛取得其活重 5% 的血液，猪为 3.5%，羊为 3.2%，则可计为放血效果良好。放血充分与否影响肉品质量和贮藏性。

（三）剥皮或烫煺毛

家畜放血后解体前，猪需烫毛、煺毛，牛、羊需进行剥皮，猪也可以剥皮。

1. 猪的烫毛和煺毛

放血后的猪经 6 min 沥血，由悬空轨道上卸入烫毛池进行浸烫，使毛根及周围毛囊的蛋白质受热变性收缩，毛根和毛囊易于分离。同时表皮也出现分离达到脱毛的目的。猪体在烫毛池内大约 5 min 左右。池内最初水温 70 ℃ 为宜，随后保持在 60 ~ 66 ℃。如想获得猪鬃，可在烫毛前将猪鬃拔掉。生拔的猪鬃弹性强、质量好。

煺毛又称刮毛，分机械刮毛和手工刮毛。刮毛机国内有三滚筒式刮毛机、拉式刮毛机和螺旋式刮毛机三种。我国大中型肉联厂多用滚筒式刮毛机。刮毛过程中刮毛机中的软硬刮片与猪体相互摩擦，将毛刮去，同时向猪体喷淋 35 ℃ 的温水。刮毛 30 ~ 60 s 即可。然后再由人工将未刮净的部位如耳根、大腿内侧的毛刮去。

刮毛后进行体表检验，合格的屠体进行燎毛。国外用燎毛炉或用火喷射，温度达 1 000 ℃ 以上，时间 10 ~ 15 s，可起到高温灭菌的作用。我国多用喷灯火焰（800 ~ 1 300 ℃）燎毛，尔后用刮刀刮去焦毛。最后进行清洗，脱毛检验，从而完成非清洁区的操作。

2. 剥皮

牛、羊屠宰后需剥皮。剥皮分手工剥皮和机械剥皮。现代加工企业多倾向于吊挂剥皮。

3. 割颈肉

割颈肉是根据 GB99591 平头规格处理。由颈部向耳根处割一刀，然后由放血口入刀，沿下颌骨向上割到耳根。同样方法割另一侧，使颈部皮肤在第一颈椎处与肉体分开。

（四）清除内脏与整理屠体

1. 剖腹取内脏

煺毛或剥皮后开膛最迟不超过 30 min，否则对脏器和肌肉质量均有影响。剖腹一般有仰卧剖腹与倒挂剖腹两种方法。用刀劈开胸骨，在接近腹部时要注意不要刺到胃和肠。环切肛门，用线扎住，推进肠腔，切开腹腔，撬开耻骨，剥离内脏并取出。

2. 劈半

开膛后，将胴体劈成两半（猪、羊）或四分体（牛）称为劈半。劈半前，先将背部皮肤用刀从上到下割开，然后用电锯沿脊柱正中将胴体劈为两半。目前常用的是往复式劈半电锯。

（五）胴体的修整

猪的胴体修整包括去前后爪、奶头、横膈膜、槽头肉、颈部血肉、伤斑、带血黏膜、脓包、烂肉和残毛污垢等。牛、羊的胴体修整包括割除尾部、肾脏周围脂肪、伤斑、颈部血肉等。修整好的胴体要达到无血、无粪、无毛、无污物。

（六）检验、盖印、称重、出厂

屠宰后要进行宰后兽医检验。合格者，盖以"兽医验讫"的印章，然后经过称重、入库冷藏或出厂。

二、家禽的屠宰加工工艺

（一）击晕

击晕电压为 35 ~ 50 V，电流为 0.5 A 以下，电晕时间鸡为 8 s 以下、鸭为 10 s 左右。电晕时间要适当，以电晕后马上将禽只从挂钩上取下，若在 60 s 内能自动苏醒为宜。过大的电压、电流会引起锁骨断裂，心脏停止跳动，放血不良，翅膀血管充血。

（二）放血

宰杀放血可以采用人工作业或机械作业，通常有三种方式：口腔放血、切颈放血（用刀切断气管、食管、血管）及动脉放血。禽只在放血完毕进入烫毛槽之前，其呼吸作用应完全停止，以避免烫毛槽内的污水吸进禽体肺脏而污染屠体。放血时间鸡一般约 90 ~ 120 s，鸭 120 ~ 150 s。但冬天的放血时间比夏天长 5 ~ 10 s。血液一般占活禽体重的 8%，放血时约有 6% 的血液流出体外。

（三）烫毛

水温和时间依禽体大小、性别、重量、生长期以及不同加工用途而改变。烫毛是为了更有利于褪毛。烫毛共有三种方式：

（1）高温烫毛，水温为 71 ~ 82 ℃，30 ~ 60 s。

（2）中温烫毛，水温为 58 ~ 65 ℃，30 ~ 75 s。国内烫鸡通常采用 65 ℃，35 s；鸭 60 ~ 62 ℃，120 ~ 150 s。

（3）低温烫毛，50 ~ 54 ℃，90 ~ 120 s。

在实际操作中，应严格掌握水温和浸烫时间；热水应保持清洁，未曾死透或放血不全的禽尸不能进行拔毛，否则会降低产品价值。

（四）褪毛

机械褪毛，主要利用橡胶指束的拍打与磨擦作用褪除羽毛。因此必须调整好橡胶指束与屠体之间的距离。另外应掌握好处理时间。禽只禁食超过 8 h，褪毛会比较困难，公禽尤为严重。若禽只宰前经过激烈的挣扎或奔跑，则羽毛根的皮层会将羽毛固定得更紧。此外，禽只宰后 30 min 再浸烫或浸烫后 4 h 再褪毛，都将影响到脱毛的速度。

（五）去绒毛

禽体烫褪毛后，尚残留有绒毛，其去除方法有三种：

（1）钳毛。

（2）松香拔毛：挂在钩上的屠禽浸入溶化的松香液中，然后再浸入冷水中（约 3 s）使松香硬化，待松香不发黏时，打碎剥去，绒毛即被黏掉。松香拔毛剂配方：11% 的食用油加 89% 的松香，放在锅里加热至 200～230 ℃ 充分搅拌，使其溶成胶状液体，再移入保温锅内，保持温度为 120～150 ℃ 备用。松香拔毛时如操作不当，会使松香在禽体表皮毛孔内残留，影响肉品价值。

（3）清洗、去头、切脚。

清洗：禽体褪毛后，在去内脏之前须充分清洗。经清洗后禽体应有 95% 的完全清洗率。一般采用加压冷水（或加氯水）冲洗。

去头：应视消费者是否喜好带头的全禽而予增减。

切脚：目前大型工厂均采用自动机械从胫部关节切下。

（六）取内脏

取内脏前须再挂钩。活禽从挂钩到切除爪为止称为屠宰去毛作业，必须与取内脏区完全隔开。此外原挂钩链转回活禽作业区，而将禽只重新悬挂在另一条清洁的挂钩系统上。禽类内脏的取出有三种方式：① 全净膛，即将全部内脏取出；② 半净膛，仅拉出全部肠和胆囊；③ 不净膛，全部内脏保留在腔内。

（七）检验、修整、包装

掏出内脏后，经检验、修整、包装入库贮藏。在库温 −24 ℃ 条件下，经 12～24 h 使肉温达到 −12 ℃ 即可贮藏。

（八）屠宰率的测定

屠宰率指屠宰体重占活重的比率。屠宰率高的个体，产肉也多。

$$屠宰率=屠体重\,(g)/活重\,(g)×100\%$$

式中：屠体重指放血脱毛后的重量；活重指宰前停喂 12 h 后的重量。

任务三　畜禽肉的分割

肉的分割是指按不同国家、不同地区的分割标准将胴体进行分割，以便进一步加工或直接供给消费者。分割肉是指宰后经兽医卫生检验合格的胴体，按分割标准及不同部位肉的组织结构分割成不同规格的肉块，经冷却、包装后的加工肉。

一、猪肉的分割

我国猪肉分割通常将半胴体分为肩、背、腹、臀、腿几大部分（见图1-2-1）。

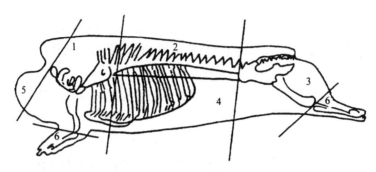

图 1-2-1 我国猪胴体部位分割图

1—肩颈肉；2—背腰肉；3—臀腿肉；4—肋腹肉；5—前颈肉；6—肘子肉

肩颈肉，俗称前槽、夹心。前端从第1颈椎，后端从第4～5胸椎或第5～6根肋骨间，与背线呈直角切断。下端如做火腿则从肘关节切断，并剔除椎骨、肩胛骨、臂骨、胸骨和肋骨。

背腰肉，俗称外脊、大排、硬肋、横排。前面去掉肩颈部，后面去掉臀腿部，余下的中段肉体从脊椎骨下4～6 cm处平行切开，上部即为背腰部。

臀腿肉，俗称后腿、后丘。从最后腰椎与荐椎结合部和背线呈直线垂直切断，下端则根据不同用途进行分割：如作分割肉、鲜肉出售，从膝关节切断，剔除腰椎、荐椎骨、股骨，去尾；如作火腿则保留小腿后蹄。

肋腹肉，俗称软肋、五花。与背腰部分离，切去奶脯即是。

前颈肉，俗称脖子、血脖。从第1～2颈椎处或3～4颈椎处切断。

前臂和小腿肉，俗称肘子、蹄膀。前臂上从肘关节、下从腕关节切断，小腿上从膝关节、下从跗关节切断。

二、牛、羊肉的分割

（一）我国牛肉分割方法

将标准的牛胴体二分体首先分割成臀腿肉、腹部肉、腰部肉、胸部肉、肋部肉、肩颈肉、前腿肉、后腿肉共八个部分（见图1-2-2）。在此基础上再进一步分割成牛柳、西冷、眼肉、上脑、胸肉、腱子肉、腰肉、臀肉、膝圆、大米龙、小米龙、腹肉、嫩肩肉 13 块不同的肉块（见图1-2-3）。

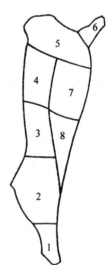

图 1-2-2 我国牛胴体部位分割图

1—后腿肉；2—臀腿肉；3—后腰肉；
4—肋部肉；5—颈肩肉；6—前腿肉；
7—胸部肉；8—腹部肉

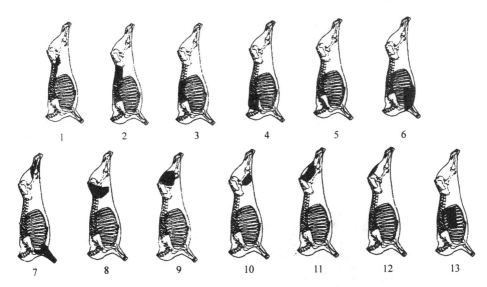

图 1-2-3 我国牛肉分割图（阴影部）

1—牛柳；2—西冷；3—眼肉；4—上脑；5—嫩肩肉；6—胸肉；7—腱子肉；8—腰肉；
9—臀肉；10—膝圆；11—大米龙；12—小米龙；13—腹肉

牛柳，又称里脊，即腰大肌。分割时先剥去肾脂肪，沿耻骨前下方将里脊剔出，然后由里脊头向里脊尾逐个剥离腰横突，取下完整的里脊。

西冷，又称外脊，主要是背最长肌。分割时首先沿最后腰椎切下，然后沿眼肌腹壁侧（离眼肌 5～8 cm）切下。再在第 12～13 胸肋处切断胸椎，逐个剥离胸、腰椎。

眼肉，主要包括背阔肌、肋最长肌、肋间肌等。其一端与外脊相连，另一端在第 5～6 胸椎处，分割时先剥离胸椎，抽出筋腱，在眼肌腹侧距离为 8～10 cm 处切下。

上脑，主要包括背最长肌、斜方肌等。其一端与眼肉相连，另一端在最后颈椎处。分割时剥离胸椎，去除筋腱，在眼肌腹侧距离为 6～8 cm 处切下。

嫩肩肉，主要是三角肌。分割时循眼肉横切面的前端继续向前分割，可得一圆锥形的肉块，便是嫩肩肉。

胸肉，主要包括胸升肌和胸横肌等。在剑状软骨处，随胸肉的自然走向剥离，修去部分脂肪即成一块完整的胸肉。

腱子肉，分为前、后两部分，主要是前肢肉和后肢肉。前牛腱从尺骨端下刀，剥离骨头；后牛腱从胫骨上端下切，剥离骨头取下。

腰肉，主要包括臀中肌、臀深肌、股阔筋膜张肌。在臀肉、大米龙、小米龙、膝圆取出后，剩下的一块肉便是腰肉。

臀肉，主要包括半膜肌、内收肌、股薄肌等。分割时把大米龙、小米龙剥离后便可见到一块肉，沿其边缘分割即可得到臀肉；也可沿着被切的盆骨外缘，再沿本肉块边缘分割。

膝圆，主要是臀股四头肌。当大米龙、小米龙、臀肉取下后，能见到一块长圆形肉块，沿此肉块周边（自然走向）分割，很容易得到一块完整的膝圆肉。

大米龙，主要是臀股二头肌。与小米龙紧接相连，故剥离小米龙后大米龙就完全暴露，顺该肉块自然走向剥离，便可得到一块完整的四方形肉块即为大米龙。

小米龙，主要是半腱肌，位于臀部。当牛后腱子取下后，小米龙肉块处于最明显的位置。

分割时可按小米龙肉块的自然走向剥离。

腹肉，主要包括肋间内肌、肋间外肌等，即肋排，分为无骨肋排和带骨肋排。一般包括
4～7 根肋骨。

（二）羊肉的分割

以美国羊胴体的分割为例，羊胴体可被分割成腿部肉、腰部肉、腹部肉、胸部肉、肋部肉、
前腿肉、颈部肉、肩部肉。在部位肉的基础上再进一步分割成零售肉块。羊胴体部位分割见图 1-2-4。

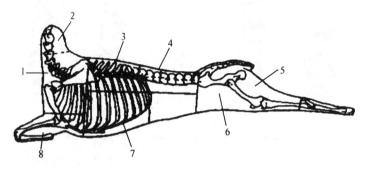

图 1-2-4　美国羊胴体的分割图

1—肩部肉；2—颈部肉；3—肋排肉；4—腰部肉；5—腿部肉；6—腹部肉；7—胸部肉；8—前腿肉

三、禽肉分割

禽胴体分割的方法有三种：平台分割、悬挂分割、按片分割。前两种适合于鸡，后一种
适合于鹅、鸭。通常鹅分割为头、颈、爪、胸、腿等 8 件，躯干部分成 4 块（1 号胸肉、2
号胸肉、1 号腿肉和 2 号腿肉）。鸭肉分割为 6 件，躯干部分为 2 块（1 号鸭肉、2 号鸭肉）。
日本对肉鸡分割分很细，分为主品种、副品种及二次品种 3 大类共 30 种。我国大体上分为腿
部、胸部、翅爪及脏器类。

四、分割肉的包装

肉在常温下的货架期只有半天，冷藏鲜肉 2～3 d，充气包装生鲜肉 14 d，真空包装生鲜
肉约 30 d，真空包装加工肉约 40 d，冷冻肉则在 4 个月以上。目前，分割肉越来越受到消费
者的喜爱，因此分割肉的包装也日益引起加工者的重视。

对分割鲜肉的包装材料的要求是：① 透明度要高，便于消费者看清生肉的本色；② 透氧
率较高，以保持氧合肌红蛋白的鲜红颜色；③ 透水率（水蒸气透过率）要低，以防止生肉表
面的水分散失，造成色素浓缩，肉色发暗，肌肉发干收缩；④ 薄膜的抗湿强度高，柔韧性好，
无毒性，并具有足够的耐寒性。但为了控制微生物的繁殖，也可采用阻隔性高（透氧率低）
的包装材料。

为了维护肉色鲜红，薄膜的透氧率至少要大于 5 000 mL/(m^2·24 h·atm·23 ℃)。如此高
的透氧率，使得鲜肉货架期只有 2～3 d。真空包装材料的透氧率应小于 40 mL/
(m^2·24 h·atm·23 ℃)，这虽然可使货架期延长到 30 d，但肉的颜色则呈还原状态的暗紫色。
一般真空包装复合材料为 EVA/PVDC(聚偏二氯乙烯)/EVA、PP(聚丙烯)/PVDC/PP、尼龙

/LDPE(低密度聚乙烯)、尼龙/Surlgn(离子型树脂)。

充气包装是以混合气体充入透气率低的包装材料中，以达到维持肉颜色鲜红，控制微生物生长的目的。另一种充气包装是将鲜肉用透气性好但透水率低的 HDPE(高密度聚乙烯)/EVA 包装后，放在密闭的箱子里，再充入混合气体，以达到延长鲜肉货架期、保持鲜肉良好颜色的目的。

冷冻分割肉的包装采用可封性复合材料（至少含有一层以上的铝箔基材）。代表性的复合材料有：PET(聚酯薄膜)/PE(聚乙烯)/AL(铝箔)/PE、MT(玻璃纸)/PE/AL/PE。冷冻肉类坚硬，包装材料中间夹层使用聚乙烯能够改善复合材料的耐破强度。目前，国内大多数厂家考虑经济问题，更多采用的是塑料薄膜。

实训二 肉的分割

【目的要求】

通过实训，使学生掌握猪胴体和肉鸡的分割方法及实际操作技能。

【材料用具】

1. 原料（每组计量，8～10人/组）：猪半胴体，50 kg；光鸡四只，8 kg。

2. 工具：刀具（尖刀、方刀、弯头刀、直刀等）、刀棍、磨石、台秤、冰箱或冰柜、空调、不锈钢盆、不锈钢桶、塑料袋等。

【方法步骤】

1. 猪胴体分割操作步骤

我国供市场零售的猪胴体分为肩颈部、背腰部、臀腿部、肋腹部、前后肘子、前颈部及修整下来的腹肋部 6 大部位。供内、外销的猪胴体分为颈背肌肉、前腿肌肉、脊背肌肉、臀腿肌肉四个部分。具体操作方法参照本教材相关内容。

2. 肉鸡分割操作步骤

（1）选料：原料光鸡一般选择 1.5～2.0 kg，饲养 50～70 d 左右肉用鸡。

（2）宰杀：将活鸡宰杀、浸烫、去毛、开膛取内脏，成品为光鸡。

（3）分割：通常将肉鸡大体上分割为腿部、胸部、副产品（翅、爪及内脏）三个部分。

① 腿部分割：将脱毛光鸡两腿间腹股沟的皮肉割开，用两手把左右腿向脊背拽，把背皮划开；再用刀将盆边的肉切开，用刀口后部切压闭孔，左手用力将鸡腿肉反拉开即成。

② 胸部分割：首先，以颈的前胸面正中线，将咽颌到颈椎右边的颈皮切开，并切开左肩胛骨，用同样的方法切开后颈皮和右肩胛骨，左手握住鸡颈骨，右手食指插入胸腔，并向相反方向拉开即成。

③ 副产品分割：

鸡翅：切开肱骨喙喙骨连接处，即成三节鸡翅。

鸡爪：用剪刀或刀切断胫骨与腓骨的连接处。

心肝：从嗉囊起把肝、心脏、肠分割后再摘出心、肝。

肫：肫出门切开，剥去肫的内金皮，不残留黄色。

【实训作业】

1. 试述我国猪胴体和肉鸡的分割方法及操作要点。
2. 分割加工间有哪些卫生要求？
3. 写出本次实训报告。

思 考 题

1. 畜禽宰前选择有何原则及具体要求？
2. 畜禽宰前为什么要休息、禁食、饮水？有何具体要求？
3. 畜禽宰前电击昏有何好处？电压、电流及电昏时间有何要求？
4. 影响畜禽放血的因素有哪些？放血不良对制品会产生何种影响？
5. 畜禽烫毛对水温有何要求？对屠体产生什么影响？
6. 屠宰加工主要包括哪些工序？
7. 试述我国猪肉的分割方法。。
8. 试述我国牛、羊肉的分割方法
9. 试述我国禽肉的分割方法。
10. 分割肉加工对包装有何具体要求？
11. 试述我国禽肉的分割方法。
12. 分割肉加工对包装有何具体要求？

项目三 肉的贮藏与保鲜

【知识目标】 了解低温对肉中微生物的影响，了解冷却和冷冻工艺要求及对肉品的影响，掌握低温贮藏及肉品保鲜技术。

【技能目标】 能应用适当的方法和技术对肉品进行保鲜处理。

【素质目标】 培养学生在进行肉品保鲜中分析问题与解决问题的能力。

任务一 肉的低温保藏

肉中含有丰富的营养物质，是微生物繁殖的优良场所，如控制不当，外界微生物会污染肉的表面并大量繁殖致使肉腐败变质，失去食用价值，甚至会产生对人体有害的毒素，引起食物中毒。另外肉中的酶类也会使肉产生一系列的变化，在一定程度上可改善肉质，但若控制不当，亦会造成肉的变质。肉的贮藏保鲜就是通过抑制或杀灭微生物，钝化酶的活性，延缓肉内部的物理、化学变化，达到较长时间贮藏保鲜的目的。肉及肉制品的贮藏方法很多，如冷却、冷冻、高温处理、辐射、盐腌、熏烟等。所有这些方法都是通过抑菌来达到目的的。

低温保藏是现代肉类贮藏的最好方法之一，它不会引起肉的组织结构和性质发生根本变化，却能抑制微生物的生命活动，延缓由组织酶、氧以及热和光的作用而产生的化学和生物化学的过程，可以较长时间保持肉的品质。在众多贮藏方法中，低温冷藏是应用最广泛、效果最好、最经济的方法，被认为是目前肉类贮藏的最佳方法之一。

一、低温保藏的原理

微生物的生长繁殖和肉中固有酶的活动常是导致肉类腐败的主要原因。低温可以抑制微生物的生命活动和酶的活性，从而达到贮藏保鲜的目的，由于其方法易行、冷藏量大、安全卫生并能保持肉的颜色和状态，因而被广泛采用。

（一）低温对微生物的作用

任何微生物都具有正常生长繁殖的温度范围，温度越低，它们的活动能力就越弱，故降低温度能减缓微生物生长和繁殖的速度。当温度降到微生物的最低生长点时，其生长和繁殖被抑制或出现死亡。一般微生物的最低生长温度在 0 ℃ 以上，但许多嗜冷菌的最低生长温度低于 0 ℃，如霉菌、酵母菌在 −8 ℃ 的低温条件下仍可看到孢子发芽，−10 ℃ 的低温下才被抑制。

低温导致微生物活力减弱和致死的原因主要有两方面：一是微生物的新陈代谢受到破坏，二是细胞结构被破坏，两者是相互关联的。正常情况下，微生物细胞内各种生化反应总是相互协调一致的。温度越低，失调程度越大，从而破坏了微生物细胞内的正常新陈代谢，以致于它们的生活机能受到抑制甚至达到完全终止的程度。

（二）低温对酶的作用

酶是有机体组织中的一种特殊蛋白质，负有生物催化剂的作用。酶的活性与温度有密切关系。肉类中大多数酶的适宜活动温度在 37～40 ℃ 之间。温度每下降 10 ℃，酶的活性就会减少 1/2～1/3。酶对低温的感受性不像高温那样敏感，当温度达到 80～90 ℃ 时，几乎所有酶都失活。然而极低的温度条件对酶活性的作用也仅是部分抑制，而不是完全停止。例如脂肪酶在 −35 ℃ 下尚不失去活性。由此可以理解在低温下贮藏的肉类，有一定的贮藏期限。

二、肉的冷却

刚屠宰的畜禽，肌肉的温度通常在 38～41 ℃ 之间，这种尚未失去生前体温的肉叫热鲜肉。在 0 ℃ 条件下将热鲜肉冷却到深层温度 0～4 ℃ 时，称为冷却肉。肉类的冷却就是将屠宰后的胴体吊挂在冷却室内，使其冷却到最厚处的深层温度达到 0～4 ℃ 的过程。

（一）肉冷却的目的

冷却的概念在上面已有所涉及。刚屠宰的肉由于温度约 37 ℃，同时由于肉的"后熟"作用，在肝糖分解时还要产生一定的热量，使肉体湿度处于上升的趋势，这种温度再结合其表面潮湿，最适宜微生物的生长和繁殖，这对于肉的保藏是极为不利的。

肉类冷却的直接目的在于，迅速排除肉体内部的含热量，降低肉体深层的温度，延缓微生物对肉的渗入和在其表面上的繁殖。实现这一目的，不仅在于温度的降低，还在于表面上形成一层干膜，延长肉的保藏期，并且能够减缓肉体内部水分的蒸发。

此外，冷却也是冻结的准备过程，对于整胴体或半胴体的冻结，由于肉层厚度较厚，若用一次冻结（即不经过冷却，直接冻结），常是表面迅速冻结，而内层的热量不易散发，从而使肉的深层产生"变黑"等不良现象，影响成品质量。同时一次冻结因温度差过大，肉体表面水分的蒸发压力相应增大，引起水分的大量蒸发，从而影响肉体的重量和质量变化，除小块肉及副产品之外，一般均先冷却，然后再行冻结。当然，在国内一些肉类加工企业中，也有采用不经过冷却进行一次冻结的方法。

（二）冷却条件及方法

1. 冷却条件的选择

（1）空气温度的选择

肉类在冷却过程中，虽然其冰点为 -1 ℃左右，但它却能冷到 $-6 \sim -10$ ℃，使肉体在短时间内处于冰点及过冷温度之间的条件下，不致于发生冻结。从冷却曲线可以看出，肉体热量大量导出是在冷却的开始阶段，因此冷却间在未进料之前，应该先降至 -4 ℃左右，这样等进料结束后，可以使库温维持在 0 ℃左右，而不会过高，随后的整个冷却过程中，维持在 $-1 \sim 0$ ℃之间。如温度过低有引起冻结的可能，温度高则会延缓冷却速度。

（2）空气相对湿度的选择

水分是助长微生物活动的因素之一，因此空气湿度越大，微生物活动能力越强，尤其是霉菌。过高的湿度无法使肉体表面形成一层良好的干燥膜，湿度太低则重量损耗太多。所以，选择空气相对湿度时应从多方面综合考虑。

在整个冷却过程中，初始阶段冷却介质与冷却物体间的湿差越大，则冷却速度越快，表面水分的蒸发量在开始的 1/4 时间内，约占总干缩量的 1/2。因此，空气相对湿度也可分为两个阶段：在前一阶段（约开始 1/4 时间），以维持在 95% 以上为宜，即相对湿度越高越好，以尽量减少水分蒸发，由于时间较短（ $6 \sim 8$ h），微生物不至于大量繁殖；在后一阶段（约占 3/4 时间），则维持在 90% ~ 95% 之间，在临近结束时则在 90% 左右，这样既能使胴体表面尽快地结成干燥膜，而又不会过分干缩。

（3）空气流动速度的选择

由于空气的热容量很小，不及水的 1/4，因此对热量的接受能力很弱。同时因其导热系数小，故在空气中冷却速度缓慢。所以在其他参数不变的情况下，只有增加空气流速来达到冷却速度的目的。静止空气放热系数为 $12.54 \sim 33.44$ kJ/(m² · h · ℃)。空气流速为 2 m/s，则放热系数可增加到 52.25 kJ(m² · h · ℃)。但过强的空气流速会大大增加肉表面的干缩和耗电量，冷却速度却增加不大。因此在冷却过程中空气流速以不超过 2 m/s 为宜，一般采用 0.5 m/s 左右，或每小时 10 ~ 15 个冷库容积。

2. 冷却方法

冷却方法有空气冷却、水冷却、冰冷却和真空冷却等。我国主要采用空气冷却法。

进肉之前，冷却间温度降至 -4 ℃左右。进行冷却时，把经过冷晾的胴体沿吊轨推入冷却间，胴体间距保持 $3 \sim 5$ cm，以利于空气循环和较快散热，当胴体最厚部位中心温度达到 0 ~ 4 ℃时，冷却过程即可完成。冷却操作时要注意以下几点：

（1）胴体要经过修整，检验和分级。

（2）冷却间符合卫生要求。

（3）吊轨间的胴体按"品"字形排列。

（4）不同等级的肉，要根据其肥度和重量的不同，分别吊挂在不同位置。肥重的胴体应挂在靠近冷源和风口处；薄而轻的胴体挂在距排风口较远处。

（5）进肉速度快，并应一次完成进肉。

（6）冷却过程中尽量减少人员进出冷却间，以保持冷却条件稳定，减少微生物污染。

（7）在冷却间按每立方米平均 1 W 的功率安装紫外线灯，每昼夜连续或间隔照射 5 h。

（8）冷却终温的检查：胴体最厚部位中心温度达到 0 ~ 4 ℃，即达到冷却终点。

一般冷却条件下，牛半片胴体的冷却时间为 48 h，猪半片胴体为 24 h 左右，羊胴体约为 18 h。

（三）冷却肉的贮藏

经过冷却的肉类，一般在 –1 ~ 1 ℃ 的冷藏间（或排酸库），一方面可以完成肉的成熟（或排酸），另一方面达到短期贮藏的目的。冷藏期间温度要保持相对稳定，以不超出上述范围为宜。进肉或出肉时温度不得超过 3 ℃，相对湿度保持在 90% 左右，空气流速保持自然循环。冷却肉的贮藏期见表 1-3-1。

表 1-3-1　冷却肉的贮藏条件和贮藏期

品名	温度/℃	相对湿度/%	贮藏期/d
牛肉	(1 ~ 1.5) ~ 0	90	28 ~ 35
小牛肉	–1 ~ 0	90	7 ~ 21
羊肉	–1 ~ 0	85 ~ 90	7 ~ 14
猪肉	–1.5 ~ 0	85 ~ 90	7 ~ 14
全净膛鸡	0	85 ~ 90	7 ~ 11
腊肉	–3 ~ 0	85 ~ 90	30
腌猪肉	–1 ~ 0	85 ~ 90	120 ~ 180

冷却肉在贮藏期间常见变化有干耗、表面发黏和长霉、变色、变软等。在良好卫生条件下，屠宰的畜肉初始微生物总数为 10 ~ 10 cfu/cm^2，其中 1% ~ 10% 在 0 ~ 4 ℃ 下生长。

肉在贮藏期间发黏和长霉是常见的现象，先在表面形成块状灰色菌落，呈半透明，然后逐渐扩大成片状，表面发黏，有异味。防止或延缓肉表面长霉发黏的主要措施是尽量减少胴体最初污染程度和防止冷藏间温度升高。

（四）冷却肉冷藏期间的变化

冷藏条件下的肉，由于水分没有结冰，微生物和酶的活动还在进行，所以易发生干耗、表面发粘、发霉、变色等，甚至产生不良气味。

（1）干耗。处于冷却终点温度的肉（0 ~ 4 ℃），其物理、化学变化并没有终止，其中以水分蒸发而导致干耗最为突出。干耗的程度受冷藏室温度、相对湿度、空气流速的影响。高温、低湿度、高空气流速会增加肉的干耗。

（2）发黏、发霉。这是肉在冷藏过程中，微生物在肉表面生长繁殖的结果，这与肉表面的污染程度和相对湿度有关。微生物污染越严重，温度越高，肉表面越易发黏、发霉。

（3）颜色变化。肉在冷藏中色泽会不断地变化，若贮藏不当，牛、羊、猪肉会出现变褐、变绿、变黄、发荧光等。鱼肉产生绿变，脂肪会黄变。这些变化有的是在微生物和酶的作用下引起的，有的是本身氧化的结果。色泽的变化是品质下降的表现。

（4）串味。肉与有强烈气味的食品存放在一起，会使肉串味。

（5）成熟。冷藏过程中可使肌肉中的化学变化缓慢进行，而达到成熟，目前肉的成熟一般采用低温成熟法即冷藏与成熟同时进行，在 0～2 ℃、相对湿度 86%～92%、空气流速为 0.15～0.5 m/s 的条件下，成熟时间视肉的品种而异，牛肉大约需三周。

（6）冷收缩。此现象主要是在牛、羊肉上发生，是指屠杀后在短时间进行快速冷却时肌肉产生强烈收缩。这种肉在成熟时不能充分软化。研究表明，冷收缩多发生在宰杀后 10 h、肉温降到 8 ℃ 以下时出现。

三、肉的冷冻

（一）冻结肉的目的

肉的冻结温度通常为 -20～-18 ℃，在这样的低温下肉中水分结冰，肉中的水分部分或全部变冰的过程叫做肉的冻结。冷却肉由于贮藏温度在肉的冰点以上，其微生物和酶的活动只受到部分抑制，冷藏期短。当肉在 0 ℃ 以下冷藏时，随着冻藏温度的降低，微生物的生长发育和肉中各种化学反应进一步受到抑制，使肉更耐贮藏，当温度降到 -10 ℃ 以下时，冻肉相当于中等水分食品，大多数细菌在此 A_w 下不能生长繁殖；当温度下降到 -30 ℃ 时，肉的 A_w 在 0.75 以下，霉菌和酵母的活动受到抑制。所以冻藏能有效地延长肉的贮藏期（其贮藏期为冷却肉的 5～50 倍），防止肉品质量下降，在肉类加工中得以广泛应用。低温与肉 A_w 之间的关系见表 1-3-2。

（二）冻结率和冻结速度

1. 冻结率

从物理和化学的角度看，肉是充满组织液的蛋白质胶体系统，其初始冰点比纯水的冰点低（见表 1-3-3）。因此食品要降到 0 ℃ 以下才产生冰晶，此冰晶出现的温度即谓冰结点。随着温度继续降低，水分的冻结量逐渐增多，要使食品内水分全部冻结，温度要降到 -60 ℃。这样低的温度工艺上一般不使用，只要绝大部分水冻结，就能达到贮藏的要求。一般是 -30～-18 ℃ 之间。

表 1-3-2　低温与肉 A_w 之间的关系

温度/℃	肌肉(含水 75%)中冻结水百分比/%	A_w
0	0	0.993
-1	2	0.990
-2	50	0.981
-3	64	0.971
-4	71	0.962
-5	80	0.953
-10	83	0.907
-20	88	0.823
-30	89	0.746

表 1-3-3　几种肉类食品的含水量和初始冰点

品种	含水量/%	初始冰点/℃
牛肉	71.6	-1.7～-0.6
猪肉	60	-2.8
鸡肉	74	-1.5
鱼肉	70～85	-1.1

一般冷库的贮藏温度为 –25 ～ –18 ℃，食品的冻结温度也大体降到此温度。食品内水分的冻结率的近似值为：

$$冻结率(\%) = 1 – 食品的冻结点/食品的冻结终温$$

如食品冻结点是 –1 ℃，降到 –5 ℃ 时冻结率是 80%。降到 –18 ℃ 时冻结率为 94.5%，即全部水分的 94.5% 已冻结。

大部分食品，在 –5 ～ –10 ℃ 温度范围内几乎 80% 的水分结成冰，此温度范围称为最大冰晶形成区。对保证冻肉的品质来说这是最重要的温度区间。

2．冻结速度

冻结速度对冻肉的质量影响很大，常用冻结时间和单位时间内形成冰层的厚度表示冻结速度。

（1）用冻结时间表示

肉品中心温度通过最大冰结晶生成带所需时间在 30 min 之内者，称为快速冻结，在 30 min 之外者为缓慢冻结。之所以定为 30 min 是因为在这样的冻结速度下冰晶对肉质的影响最小。

（2）用单位时间内形成冰层的厚度表示

因为产品的形状和大小差异很大，如牛胴体和鹌鹑胴体，比较其冻结时间没有实际意义。通常，把冻结速度表示为由肉品表面向热中心形成冰的平均速度。实践上，平均冻结速度可表示为肉块表面各热中心形成的冰层厚度与冻结时间之比。国际制冷协会规定，冻结时间是品温从表面达到 0 ℃ 开始，到中心温度达到 –10 ℃ 所需的时间。冻层厚度和冻结时间单位分别用"cm"和"h"表示，则冻结速度（v）为：

$$v = 冰层厚度/冻结时间 \ (cm/h)$$

冻结速度为 5 ～ 10 cm/h 以上者，称为超快速冻结，用液氮或液态 CO_2 冻结小块物品属于超快速冻结；5 ～ 10 cm/h 为快速冻结，用平板式冻结机或流化床冻结机可实现快速冻结；1 ～ 5 cm/h 为中速冻结，常见于大部分鼓风冻结装置；1 cm/h 以下为慢速冻结，纸箱装肉品在鼓风冻结期间多处在缓慢冻结状态。

（三）冻结速度对肉品质的影响

1．缓慢冻结

通过对瘦肉中的冰的形成过程的研究发现，冻结过程越快，所形成的冰晶越小。在肉冻结期间，冰晶首先沿肌纤维之间形成和生长，这是因为肌细胞外液的冰点比肌细胞的内液的冰点高。缓慢冻结时，冰晶在肌细胞之间形成和生长，从而使肌细胞外液浓度增加。由于渗透压的作用，肌细胞会失去水分进而发生脱水收缩，结果，在收缩细胞之间形成相对少而大的冰晶。

2．快速冻结

快速冻结时，肉的热量散失很快，使得肌细胞来不及脱水便在细胞内形成了冰晶。换句话说，肉内冰层推进速度大于水蒸汽速度，结果在肌细胞内外形成了大量的小冰晶。

冰晶在肉中的分布和大小是很重要的。缓慢冻结的肉类因为水分不能返回到原来的位置，在解冻时会失去较多的肉汁，而快速冻结的肉类不会产生这样的问题，所以冻肉的质量高。

此外，冰晶的形状有针状、棒状等不规则形状，冰晶大小从 100 μm 到 800 μm 不等。如果肉块较厚，冻肉的表层和深层所形成的冰晶不同，表层形成的冰晶体积小、数量多，深层形成的冰晶少而大。

（四）肉品的冷冻方法

肉品的冷冻方法如下：

（1）静止空气冷冻法。空气是传导的媒介，家庭冰箱的冷冻室均以静止空气冻结的方法进行冷冻，肉冻结很慢。静止空气冻结的温度范围为 –10 ~ –30 ℃。

（2）板式冷冻。该冷冻方法热传导的媒介是空气和金属板，肉品装盘或直接与冷冻室中的金属板架接触。板式冷冻室温度通常为 –10 ~ –30 ℃，一般适用于薄片的肉品，如肉排、肉片以及肉饼等的冷冻。冻结速率比静止空气法稍快。

（3）冷风式速冻法。此方法是工业生产中最普遍使用的，将冷冻后的肉贮藏于一定温度、湿度的低温库中，在尽量保持肉品质量的前提下贮藏一定的时间，就是冻藏。冻藏条件的好坏直接关系到冷藏肉的质量和贮藏期长短。方法是在冷冻室或隧道装有风扇以供应快速流动的冷空气急速冷冻，热转移的媒介是空气。此法热的转移速率比静止空气要增加很多，且冻结速率也显著。但空气流速增加了冷冻成本以及未包装肉品的冻伤。冷风式速冻条件一般为空气流速 760 m/min、温度 – 30 ℃。

（4）流体浸渍和喷雾。流体浸渍和喷雾是商业上用来冷冻禽肉的最普遍方法，一些其他肉类和鱼类也利用此法冷冻。此法热量转移迅速，稍慢于风冷或速冻，供冷冻用的流体必须无毒性、成本低且具有低黏性、低冻结点以及高热传导性等特点。一般常采用液态氮、食盐溶液、甘油、甘油醇和丙烯醇等。

（五）冷冻肉的冻藏

1. 冻藏条件

（1）温度

从理论上讲，冻藏温度越低，肉品质量保持得就越好，保存期限也就越长，但成本也随之增大。对肉而言，– 18 ℃ 是比较经济合理的冻藏温度。近年来，水产品的冻藏温度有下降的趋势，原因是，水产品的组织纤维细嫩，蛋白质易变性，脂肪中不饱和脂肪酸含量高，易发生氧化。冷库中温度的稳定也很重要，温度的波动应控制在 ± 2 ℃ 范围内，否则会促进小冰晶消失和大冰晶长大，加剧冰晶对肉的机械损伤作用。

（2）湿度

在 – 18 ℃ 的低温下，温度对微生物的生长繁殖影响很微小，从减少肉品干耗考虑，空气湿度越大越好，一般控制在 95% ~ 98% 之间。

（3）空气流动速度

在空气自然对流的情况下，流速为 0.05 ~ 0.15 m/s，空气流动性差，温、湿度分布不均匀，但肉的干耗少，多用于无包装的肉食品。在强制对流的冷藏库中，空气流速一般控制在 0.2 ~ 0.3 m/s，最大不能超过 0.5 m/s，其特点是温、湿度分布均匀，肉品干耗大。对于冷藏酮体而言，一般没有包装，冷藏库多用空气自然对流方法，如要用冷风机强制对流，要避免冷风机吹出的空气正对胴体。

2. 冻藏期限

冷冻肉的贮藏温度与贮藏期关系见表1-3-4。在相同贮藏温度下，不同肉品的贮藏期大体上有如下规律：畜肉的冷冻贮藏期大于水产品；畜肉中牛肉贮藏期最长，羊肉次之，猪肉最短；水产品中，脂肪少的鱼贮藏期大于脂肪多的鱼，虾、蟹则介于二者之间。

表 1-3-4　冻结肉类的贮藏条件和时间

类　别	冰冻点	温度/℃	相对湿度/%	期限/月
牛　肉	-1.7	-18~-23	90~95	9~12
猪　肉	-1.7	-18~-23	90~95	4~6
羊　肉	-1.7	-18~23	90~95	8~10
子牛肉	1.7	-18~23	90~95	8~10
兔	—	-18~23	90~95	6~8
禽　类	—	-18~23	90~95	3~8

（六）肉的解冻

肉的解冻是将冻结肉类恢复到冻前的新鲜状态。解冻过程实质上是冻结肉中形成的冰结晶还原融解成水的过程，所以可视为冻结的逆过程。在实际工作中，解冻的方法应根据具体条件选择，原则是既要缩短时间又要保证质量。

1. 空气解冻法

将冻肉移放在解冻间，靠空气介质与冻肉进行热交换来实现解冻的方法。一般在0~5℃空气中解冻称为缓慢解冻，在15~20℃空气中解冻叫快速解冻。肉装入解冻间后温度先控制在0℃，以保持肉解冻的一致性，装满后再升温到15~20℃，相对湿度为70%~80%，经20~30 h即解冻。

2. 水解冻

把冻肉浸在水中解冻，由于水比空气传热性能好，解冻时间可缩短，并且由于肉类表面有水分浸润，可使重量增加。但肉中的某些可溶性物质在解冻过程中将部分失去，同时容易受到微生物的污染，故对半胴体的肉类不太适用，主要用于带包装冻结肉类的解冻。

水解冻的方式可分静水解冻和流水解冻或喷淋解冻。对肉类来说，一般采用较低温度的流水缓慢解冻为宜，在水温高的情况下，可采用加碎冰的方法进行低温缓慢解冻。

3. 蒸汽解冻法

将冻肉悬挂在解冻间，向室内通入水蒸气，当蒸汽凝结于肉表面时，则将解冻室的温度由4.5℃降低至1℃，并停止通入水蒸气。此方法的肉表面干燥，能控制肉汁流失使其较好地渗入组织中，一般约经16 h，即可使半胴体的冻肉完全解冻。

任务二　肉的辐照贮藏

一、辐照贮藏的原理

肉品辐照贮藏是利用放射性核元素发生的 γ 射线或利用电子加速器产生的电子束或 X 射线，在一定剂量范围内辐照肉，杀灭其中的微生物及其他腐败细菌，或抑制肉品中某些生物活性物质的生理过程，从而达到肉品贮藏保鲜的目的。

二、辐射剂量和辐射杀菌类型

（一）辐射剂量及其单位

射线与物质发生作用的程度常用辐射剂量表达。辐射剂量的单位广泛使用辐射量伦琴（LR）和吸收剂量拉德（rad）或戈端（Gy）。

伦琴就是在标准状态下（0 ℃，1 个大气压），每立方厘米空气（0.0129 g）形成一个正电或负电的静电单位时 X 射线或 γ 射线的照射量。照射量的国际单位是库仑/千克空气（C/kg）。

$$LR = 2.58 \times 10^{-4} \text{ C/kg}$$

FAO 对不同食品的照射剂量规定如表 1-3-5 所示。

表 1-3-5　对不同食品的照射剂量

食　品	主要目的	达到的手段	剂量/Mrad
肉、禽、鱼及其他易腐食品	不用低温，长期安全贮藏	能杀死腐败菌、病原菌及肉毒梭菌	4 ~ 6
肉、禽、鱼及其他易腐食品	在 3 ℃ 以下延长贮藏期	减少嗜冷菌数	0.05 ~ 1.0
冻肉、鸡肉、鸡蛋及其他易污染细菌的食品	防止食品中毒	杀灭沙门氏细菌	0.3 ~ 1.0
肉及其他有病原寄生虫的食品	防止食品媒介的寄生虫	杀灭旋毛虫、牛肉绦虫等	0.01 ~ 0.03
香辛料、辅料	减少细菌污染	降低菌数	1 ~ 3

在辐射源的辐射场内，单位质量的任何被照射物质吸收任何射线的平均吸收量称为吸收剂量，常用的单位为拉德（rad），1975 年国际辐射单位和测量委员会建议吸收剂量专用单位拉德改为戈瑞，将戈瑞作为吸收剂量的国际单位。1 Gy 就是 1 kg 物质吸收 1 J（焦尔）的能量。其换算关系为：

$$1 \text{ rad} = 100 \text{ erg/g} = 10^{-2} \text{ J/kg}$$
$$1 \text{ Gy} = 1 \text{ J/kg} = 100 \text{ rad}$$

（二）辐射杀菌类型

食品上应用的辐射杀菌按剂量大小和所要求的目标可分为以下三类：

（1）辐射阿氏杀菌。所使用的辐射剂量可以使食品中微生物减少到零或有限个数，用这种辐射处理后，食品可在任何条件下贮存。肉中以肉毒杆菌为对象菌，剂量应达 40 ~ 60 kGy。如罐装腊肉照射 45 kGy，室温可贮藏 2 年，但会出现辐射副作用。

（2）辐射巴氏杀菌。使用的辐射量以在食品中检测不出特定的无芽孢病菌为准。畜产品中以沙门氏菌为目标，剂量范围为 5~10 kGy。既能延长保存期，副作用又小。在冰蛋、冻肉上应用最成功。

（3）辐射耐贮杀菌。以假单孢杆菌为目标，目的是减少腐败菌的数目，延长冷冻或冷却条件下食品的货架寿命。一般剂量在 5 kGy 以下。产品感观状况几乎不发生变化。

（三）肉的辐照贮藏工艺

肉的辐照贮藏工艺流程如图 1-3-1 所示。

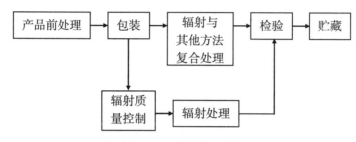

图 1-3-1 肉的辐照工艺流程

（1）辐射前的处理。辐射前对肉品进行挑选和品质检查。要求：质量合格，初始菌量低。为减少辐射过程中某些成分的微量损失，有时可增加微量添加剂，如添加抗氧化剂，可减少维生素 C 的损失。

（2）包装。这是肉品辐射保鲜的重要环节。辐射灭菌是一次性的，因而要求包装能够防止辐射食品的二次污染。同时还要求隔绝外界空气与肉品的接触，以防止贮运、销售过程中脂肪氧化酸败、肌红蛋白氧化变色等缺点。包装材料一般选用高分子塑料，在实践中常选用复合塑料膜，如聚乙烯、尼龙复合薄膜。包装方法常采用真空包装、真空充气包装、真空去氧包装等。

（3）辐射。常用辐射源有 ^{60}CO、^{137}Cs 和电子加速器三种。^{60}CO 辐射源释放的 γ 射线穿透力强，设备较简单，因而多用于肉食品辐射。辐射条件根据辐射肉食品的要求决定。

（4）辐射质量控制。这是确保辐射工艺完成不可缺少的措施。包括：

① 根据肉食品的保鲜目的、D_{10} 剂量、初始菌量等确定最佳灭菌保鲜的剂量。

② 选用准确性高的剂量仪，测定辐射箱各点的剂量，从而计算其辐射均匀度（$U = D_{max}/D_{min}$），要求均匀度 U 越小越好，但也要保证有一定的辐射产品数量。

③ 为了提高辐射效率，而又不增大 U，在设计辐射箱传动装置时考虑 180° 转向、上下换位以及辐射箱在辐射场传动过程中尽可能地靠近辐射源。

④ 制定严格的辐射操作程序，以确保每一份肉食品包装都能受到一定剂量的辐照。

（5）辐射对肉品质的影响。辐射对肉品质有不利影响。例如：产生的硫化氢、碳酰化物和醛类物质，使肉品产生辐射味；辐射能在肉品中产生鲜红色且较为稳定的色素，同时也会产生高铁肌红蛋白和硫化肌红蛋白等不利于肉品色泽的色素；辐射使部分蛋白质发生变性，肌肉保水力降低。对胶原蛋白有嫩化作用，可提高肉品的嫩度，但提高肉品嫩度所要求的辐射剂量太高，使肉品产生辐射变性而变得不能食用。

（6）辐射肉品的卫生安全性。根据大量的动物试验结果表明，辐射在贮藏食品方面是一种安全、卫生、经济有效的新手段。其安全性体现在以下几方面：

① 辐射食品无残留放射性和诱导放射性。

② 辐射不产生毒性物质和致突变物质。

③ 辐射食品的营养价值不会降低。辐射会使食品发生理化性质的变化,导致感官品质及营养成分的改变。变化程度取决于辐射食品的种类和辐射剂量。

任务三 肉的其他保鲜方法

一、真空包装

真空保装也称减压包装,是将包装容器内的空气全部抽出密封,维持袋内处于高度减压状态,使好气微生物的生长减缓或受到抑制,从而达到肉品保鲜的目的。

真空状态下,好氧微生物的生长减缓或受到抑制,能减少蛋白质降解和脂肪的氧化酸败,使乳酸菌和厌气菌增殖,pH 降低至 5.6 ~ 5.8,进一步抑制其他菌的生长,延长产品的存储期。

真空包装可以抑制微生物的生长,并避免外界微生物的污染,减缓肉中脂肪的氧化速度,对酶的活性也有一定的抑制作用;能减少产品失水,保持产品重量。

二、有机酸防腐保鲜

大多数细菌只能在中性或弱碱性介质中生长,但也有不少细菌是耐酸性的。各种细菌的耐酸性差异很大。一般细菌能在 pH 为 4.5 ~ 10 的范围内生长。有机酸的防腐作用机理是使菌体蛋白质变性、干扰其细胞膜和遗传机理、干扰其细胞内部酶的活力等。但酵母菌和霉菌比其他细菌的耐酸性强,许多酵母菌和霉菌在 pH 低达 1.5 时仍能生长。

1. 苯甲酸

苯甲酸是一种酸性防腐剂,在 pH 低于 4.5 时防腐效力好。在 pH 为 5.5 以上时对很多霉菌和酵母菌都没有效果,苯甲酸一般在 0.05% 浓度时有防腐作用,而苯甲酸钠则需 0.07% ~ 0.1%,它们在食品中允许使用量不超过 0.1%。

2. 山梨酸

山梨酸对霉菌、酵母菌和好气性菌均有抑制作用,一般在 pH 为 5 ~ 6 以下范围内使用效果较好。用 2.5% 的山梨酸溶液浸泡或喷雾鲜肉,可有效地延长保存期。在香肠加工时可用 0.25% 的山梨酸剂量直接加入肉馅,或用 2.5% 的山梨酸溶液浸泡肠衣均可达到有效的防腐防霉效果。熟鸡腿肉在 10% 山梨酸钾溶液中浸泡 30 s 后,于 4 ℃ 条件下贮藏可达 20 d,比对照组贮藏期延长 1 倍。我国规定的罐头食品中山梨酸的最大添加量为 0.5 g/kg。

三、抗氧化保鲜

氧化是导致肉类品质变劣的重要因素之一,特别是对一些含有大量不饱和脂肪酸的鱼类尤为重要。氧化除使肉质发生酸败外,还会引起肉褪色、维生素破坏,降低肉的品质和营养价值,甚至产生有害物质,引起食物中毒。在肉品保藏中为了延缓或阻止氧化作用,常添加一些化学制品（天然或人工合成的），这些化学制品就称为抗氧化剂。

目前我国肉品生产中使用较多的抗氧化剂有丁基羟基茴香醚（BHA）、二丁基羟基甲苯（BHT）、没食子酸丙酯（PG）和抗坏血酸（Vc）及其盐类、抗坏血酸基棕榈酸脂、异构抗坏血酸及生育酚，可用于大多数肉制品如腊肉、火腿、灌肠、肉脯、肉干、肉松等。其抗氧化作用 BHT 效果最好。BHT 最大使用量为 0.2 g/kg。

思 考 题

1. 简述肉品低温贮藏的原理。
2. 何谓肉的冷却？简述肉冷却条件的选择。
3. 冷冻方法及冷冻肉的贮藏对原料肉品质有什么影响？
4. 简述冷冻肉的解冻方法及其优缺点。
5. 简述辐射对肉品质的影响。
6. 简述真空包装的作用及其对包装材料的要求。
7. 简述化学保鲜的方法及其特点。

项目四　肉制品加工常用辅料及其特性

【知识目标】 了解肉制品加工中常用辅料的种类及作用，熟悉常用添加剂的作用及使用方法。

【技能目标】 能识别和正确使用常用辅料及添加剂。

【素质目标】 培养学生的创新能力。

任务一　调味料

在肉制品加工中，常加入一定量的天然物质或化学物质，以改善肉制品的色、香、味、形、组织状态和贮藏性能，这些物质统称为肉制品加工辅料。正确使用辅料，对提高肉制品的质量和产量，增加肉制品的花色品种，提高其商品价值和营养价值，保证消费者的身体健康具有十分重要的意义。

调味料是指为了改善食品的风味，能赋予食品的特殊味感（咸、甜、酸、苦、鲜、麻、辣等），使食品鲜美可口、增进食欲而添加入食品中的天然或人工合成的物质。

一、咸味料

1. 食盐

食盐的主要成分是氯化钠。精制食盐中氯化钠含量在 97% 以上，味咸，呈白色结晶体，无可见的外来杂质，无苦味、涩味及其他异味。在肉品加工中食盐具有调味、防腐保鲜、提高保水性和黏着性等作用。

食盐的使用量应根据消费者的习惯和肉制品的品种要求适当掌握，通常生制品食盐用量为 4% 左右，熟制品的食盐用量为 2%～3% 左右。

2. 酱油

酱油分为有色酱油和无色酱油。肉制品中常用酿造酱油。酱油主要含有蛋白质、氨基酸等。酱油应具有正常的色泽、气味和滋味，不混浊，无沉淀，无霉花、浮膜，浓度不应低于 22°Be′，食盐含量不超过 18%。

酱油的作用主要是增鲜、增色，使肉制品呈现美观的酱红色，是酱卤制品的主要调味料，在香肠等制品中还有促进成熟发酵的良好作用。

3. 黄酱

黄酱又称面酱、麦酱等，是用大豆、面粉、食盐等为原料，经发酵制成的调味品。味咸香，色黄褐，为有光泽的泥糊状，其中氯化钠 12% 以上，氨基酸态氮 0.6% 以上，还有糖类、脂肪、酶、维生素 B1、维生素 B2 和钙、磷、铁等矿物质。在肉品加工中不仅是常用的咸味调料，而且还有良好的提香生鲜、除腥清异的效果。黄酱性寒，又可药用，有除热解烦、清除蛇毒等功能，对热烫火伤、手指肿疼、蛇虫蜂毒等都有一定的疗效。黄酱广泛用于肉制品和烹饪加工中，使用标准不受限制，以调味效果而定。

二、甜味料

1. 蔗糖

肉制品加工通常采用白糖，某些红烧制品也可采用纯净的红糖，白糖和红糖都是蔗糖。肉制品中添加少量的蔗糖可以改善产品的滋味，缓冲咸味，并能促进胶原蛋白的膨胀和松弛，使肉质松软、色调良好。蔗糖添加量在 0.5%～1.5% 左右。

2. 饴糖

饴糖由麦芽糖（50%）、葡萄糖（20%）和糊精（30%）组成，味甜爽口，有吸湿性和黏性，在肉品加工中常作为烧烤、酱卤和油炸制品的增味剂和甜味助剂。

3. 蜂蜜

蜂蜜又称蜂糖，呈白色或不同程度的黄褐色，是透明或半透明的浓稠液状物。它含有葡萄糖 42%、果糖 35%、蔗糖 20%、蛋白质 0.3%、淀粉 1.8%、苹果酸 0.1% 以及脂肪、蜡、色素、酶、芳香物质、无机盐和多种维生素等。其甜味纯正，不仅是肉制品加工中常用的甜味料，而且具有润肺滑肠、杀菌收敛等药用价值。蜂蜜营养价值很高，又易于吸收利用，所以在食品中可以不受限制地添加使用。

4. 葡萄糖

葡萄糖为白色晶体或粉末，常作为蔗糖的代用品，甜度略低于蔗糖。在肉品加工中，葡萄糖除了作为甜味料使用外，还可形成乳酸，有助于胶原蛋白的膨胀和疏松，从而使制品柔软。另外，葡萄糖的保色作用较好，而蔗糖的保色作用不太稳定。不加糖的肉制品，切碎后会迅速变成褐色。肉品加工葡萄糖的使用量为 0.3%～0.5% 左右。在发酵肉制品中，葡萄糖一般作为微生物主要碳源。

5. d-山梨糖醇

d-山梨糖醇的分子式为 $C_6H_{14}O_6$，又称为花椒醇、清凉茶醇，呈白色针状结晶或粉末，溶于水、乙醇、酸中，不溶于其他一般溶剂，水溶液 pH 为 6～7；有吸湿性，有可口的甜味，有寒舌感，甜度为砂糖的 60%。它常作为砂糖的代用品。在肉制品加工中，它不仅用作甜味料，还能提高肉制品的渗透性，使肉制品纹理细腻、肉质细嫩，增加肉品的保水性，提高出品率。

三、酸味料

1. 食醋

食醋是以粮食为原料经醋酸菌发酵酿制而成。具有正常酿造食醋的色泽、气味和滋味，不涩，无其他不良气味和异味，不浑浊，无悬浮物及沉淀物，无霉花、浮膜，含醋酸3.5%以上。食醋为中式糖醋类风味产品的重要调味料，如与糖按一定比例配合，可形成宜人的甜酸味。因醋酸具有挥发性，受热易挥发，故适宜在产品即将出锅时添加，否则将部分挥发而影响酸味。醋酸还可与乙醇生成具有香味的乙酸乙酯，故在糖醋制品中添加适量的酒，可使制品具有浓醇甜酸、气味扑鼻的特点。

2. 酸味剂

常用的酸味剂有柠檬酸、乳酸、酒石酸、苹果酸、醋酸等，这些酸均能参加人体内的正常代谢，在一般使用剂量下对人体无害，但应注意其纯度。

四、鲜味料

1. 谷氨酸钠

谷氨酸钠即味精，系含有一个分子结晶的 L-谷氨酸钠盐。本品为无色至白色棱柱状结晶或粉沫状，具有独特的鲜味，味觉极限值为 0.03%，略有甜味或咸味。在肉制品加工中，一般使用量为 0.25%～0.5%。

2. 肌苷酸钠

肌苷酸钠是白色或无色的结晶或结晶粉末，性质比谷氨酸钠稳定。与 L-谷氨酸钠合用对鲜味有相乘效应。肌苷酸钠有特殊强烈的鲜味，其鲜味比谷氨酸钠约强 10～20 倍。一般均与谷氨酸钠、鸟苷酸钠等合用，配制混合味精，以提高增鲜效果。

3. 鸟苷酸钠

鸟苷酸钠具有呈味性是近年来才发现的，它同肌苷酸钠等被称为核酸系调味料，其呈味性质与肌苷酸钠相似，与谷氨酸钠有协同作用。使用时，一般与肌苷酸钠和谷氨酸钠混合使用。

五、调味肉类香精

调味肉类香精包括猪、牛、鸡、羊肉、火腿等各种肉味香精，系采用纯天然的肉类为原料，经过蛋白酶适当降解成小肽和氨基酸，加还原糖在适当的温度条件下发生美拉德反应，生成风味物质，经超临界萃取和微胶囊包埋或乳化调和等技术生产的粉状、水状、油状系列调味香精，如猪肉香精、牛肉香精等。可自己添加或混合到肉类原料中，使用方便，是目前肉类工业常用的增香剂，尤其适用于高温肉制品和风味不足的西式低温肉制品。

六、料酒

中式肉制品中常用的料酒有黄酒和白酒，其主要成分是乙醇和少量的脂类。它可以去除膻味、腥味和异味，并有一定的杀菌作用，赋予肉制品特有的醇香味，使肉制品回味甘美，增加风味特色。黄酒色黄澄清，味醇正常，含酒精12度以上。白酒应无色透明，具有特有的酒香气味。在生产腊肠、酱卤等肉制品时料酒是必不可少的调味料。

任务二　香辛料

香辛料是某些植物的果实、花、皮、蕾、味、茎、根，它们具有辛辣和芳香性风味成分。其作用是赋予产品特有的风味，抑制或矫正不良气味，增进食欲，促进消化。

一、香辛料种类

香辛料依其具有辛辣或芳香气味的程度可分为辛辣性香辛料（如葱、姜、蒜、辣椒、洋葱、胡椒等）、芳香性香辛料（如大茴香、小茴香、花椒、桂皮、白芷、丁香、豆蔻、砂仁、陈皮、甘草、山萘、月桂叶等）和复合性香辛料（如咖喱粉、五香粉等）三类。

二、常见香辛料及使用

1. 葱

各种葱的主要化学成分为硫醚类化合物，如烯丙基二硫化物，具有强烈的葱辣味和刺激味。葱作香辛料使用，可压腥去膻，广泛用于酱制、红烧等肉制品。

2. 蒜

蒜含有强烈的辛辣味，其主要化学成分是蒜素，即挥发性的二烯丙基硫化物。具有调味、压腥、去膻的作用，常用于灌肠制品，切碎或绞成蒜泥加入。

3. 姜

姜味辛辣。其辣味及芳香成分主要是姜油酮、姜烯酚和姜辣素以及柠檬醛、姜醇等。姜具有去腥调味的作用，常用于酱制、红烧制品，也可将其榨成姜汁或制成姜粉等，加入灌肠制品中以增加风味。

4. 胡椒

胡椒有黑胡椒和白胡椒两种。未成熟果实干后果皮皱缩的是黑胡椒，成熟后去皮晒干的称为白胡椒。两者成分相差不大，但挥发性成分在外皮部较多。黑胡椒的辛香味较强，而白胡椒色泽较好。在干果实中含挥发性胡椒油 1.2%～1.5%，其主要成分是小茴香萜、苦艾萜等，辣味成分为胡椒碱和异胡椒碱。

胡椒是制作咖喱粉、辣酱油、番茄沙司不可缺少的香辛料，也是荤菜肴、腌、卤制品不可缺少的香辛料，对西式肉制品来说，也是占主要地位的香辛料，用量一般为 0.3% 左右。

5. 花椒

花椒又称秦椒、川椒，系芸香料灌木或小乔木植物花椒树的果实。花椒果皮含辛辣挥发油及花椒油香烃等，主要成分为柠檬烯、香茅醇、萜烯、丁香酚等，辣味主要是花椒素。在肉品加工中整粒多供腌制肉品及酱卤汁用；粉末多用于调味和配制五香粉。使用量一般为 0.2%～0.3%。花椒能赋予肉制品适宜的香麻味。

6. 大茴香

大茴香俗称大料、八角，系木兰科的常绿乔木植物的果实，干燥后裂成八至九瓣，故称八角。八角果实含精油 2.5%～5%，其中以茴香脑为主（80%～85%），即对丙烯基茴香醛、蒎烯茴香酸等。大茴香有去腥防腐作用，是肉品加工广泛使用的香辛料。

7. 小茴香

小茴香俗称茴香、席茴，系伞形科多年草本植物茴香的种子，含精油 3%～4%，主要成分为茴香脑和茴香醇，占 50%～60%，茴香酮 1.0%～1.2%，并可挥发出特异的茴香气，有增香调味、防腐防膻的作用。

8. 桂皮

桂皮又称肉桂，系樟科植物肉桂的树皮及茎部表皮经干燥而成。桂皮含精油 1%～2.5%，主要成分为桂醛，约占 80%～95%，另有甲基丁香粉、桂醇等。桂皮常用于调味和矫味。在烧烤、酱卤制品中加入，能增加肉品的复合香气味。

9. 白芷

白芷系伞形多年生草本植物的根块，含白芷素、白芷醚等香精化合物，有特殊的香气，味辛，可用整粒或粉末，具有去腥作用，是酱卤制品中常用的香料。

10. 丁香

丁香为桃金娘科常绿乔木的干燥花蕾及果实。花蕾叫公丁香，果实叫母丁香，以完整、朵大油性足、颜色深红、气味浓郁、入水下沉者为佳品。丁香富含挥发香精油，精油成分为丁香酚（占 75%～95%）和丁香素等挥发性物质，具有特殊的浓烈香气，兼有桂皮香味。对提高肉制品风味具有显著的效果，但丁香对亚硝酸盐有消色作用，在使用时应加以注意。

11. 山萘

山萘又称山辣、砂姜、三萘，系姜科山萘属多年生木本植物的根状茎，切片晒制而成干片。山萘含有龙脑、樟脑油酯、肉桂乙酯等成分，具有较强烈的香气味。山萘有去腥提香、抑菌防腐和调味的作用，亦是卤汁、五香粉的主要原料之一。

12. 砂仁

砂仁系姜科多年生草本植物的干燥果实，一般除去黑果皮（不去果皮的叫苏砂），砂仁含香精油 3% ~ 4%，主要成分是龙脑、右旋樟脑、乙酸龙脑酯、苏梓醇等，具有矫臭去腥、提味增香的作用。

13. 肉豆蔻

肉豆蔻亦称豆蔻、肉蔻、玉果。属肉豆蔻科高大乔木肉豆树的成熟干燥种仁。肉豆蔻含精油 5% ~ 15%，其主要成分为萜烯占 80%，肉豆蔻醚、丁香粉等。肉豆蔻不仅有增香去腥的调味功能，亦有一定的抗氧化作用，在肉制品中使用很普遍。

14. 甘草

甘草系豆科多年生草本植物的根。其外皮红棕色，内部黄色，味道很甜，所以又叫甜甘草。它含甘草甜素（6% ~ 14%）、甘草甙、甘露醇及葡萄糖、蔗糖、淀粉等，常用于酱卤制品。

15. 陈皮

陈皮是芸香料常绿小乔木植物桔树的干燥果皮，含有挥发油，主要成分为柠檬烯、橙皮甙、川陈皮素等。肉制品加工中常用作卤汁、五香粉等调香料，可增加肉制品的复合香味。

16. 草果

草果系姜科多年生草本植物的果实，含有精油、苯酮等，味辛辣，可用整粒或粉末作为烹饪香料，主要用于酱卤制品，特别是烧炖牛、羊肉放入少许，可去膻压腥味。

17. 月桂叶

月桂叶系樟科常绿乔木月桂树的叶子，含精油（1% ~ 3%），主要成分为桉叶素，约占 40% ~ 50%，此外，还有丁香粉、丁香油酚酯等。它常用于西式产品及在罐头中以改善肉的气味或生产中作矫味剂；此外，在汤、鱼等菜肴中也常被使用。

18. 麝香草

麝香草系紫花科麝香草的干燥树叶制成。其精油成分有麝香草脑、香芹酚、沉香醇、龙脑等。烧炖肉放入少许，可去除生肉腥臭，并有提高产品保存性的作用。

19. 芫荽

芫荽又名胡荽，俗称香菜，系伞形科一年生或二年生草本植物，用其干燥的成熟果实。芳香成分主要有沉香醇、蒎烯等，其中沉香醇占 60% ~ 70%，有特殊香味，芫荽是肉制品特别是猪肉香肠和灌肠中常用的香辛料。

20. 鼠尾草

鼠尾草系唇形科一年生草木植物。鼠尾草含挥发油 1.3% ~ 2.5%，主要成分为侧柏酮、鼠尾草烯。在西式肉制品中常用其干燥的叶子或粉末。鼠尾草与月桂叶一起使用可去除羊肉的膻味。

21. 咖喱粉

咖喱粉呈鲜艳黄色，味香辣，是肉品加工和中西菜肴重要的调味品。其有效成分多为挥发性物质，在使用时为了减少挥发损失，宜在制品临出锅前加入。咖喱粉常用胡椒粉、姜黄粉、茴香粉等混合配制。

22. 五香粉

五香粉是以花椒、八角、小茴香、桂皮、丁香等香辛料为主要原料配制而成的复合香料。因使用方便，深受消费者的欢迎。各地使用配方略有差异。

任务三 添加剂

为了增强或改善食品的感官形状，延长保存时间，满足食品加工工艺过程的需要或某种特殊营养需要，常在食品中加入天然的或人工合成的无机或有机化合物，这种添加的无机或有机化合物统称为添加剂。

一、发色剂

1. 硝酸盐

硝酸钾（硝石）（KNO_3）及硝酸钠（$NaNO_3$）为无色的结晶或白色的结晶性粉末，无臭稍有咸味，易溶于水。将硝酸盐添加到肉中后，硝酸盐被肉中细菌或还原物质所还原生成亚硝酸最终生成 NO，后者与肌红蛋白生成稳定的亚硝基肌红蛋白络合物，使肉呈鲜红色。

2. 亚硝酸钠

亚硝酸钠（$NaNO_2$）为白色或淡黄色的结晶性粉末，吸湿性强，长期保存必须密封在不透气容器中。亚硝酸盐的作用比硝酸盐大 10 倍。欲使猪肉发红，在盐水中含有 0.06%亚硝酸钠就已足够；为使牛肉、羊肉发色，盐水中需含有 0.1% 的亚硝酸钠。因为这些肉中含有较多的肌红蛋白和血红蛋白，需要结合较多的亚硝酸盐。但是仅用亚硝酸盐的肉制品，在贮藏期间褪色快，对生产过程长或需要长期存放的肉制品，最好使用硝酸盐腌制。现在许多国家广泛采用混合盐料。用于生产各种灌肠的混合盐料的组成是：食盐98%，硝酸盐0.83%，亚硝酸盐 0.17%。

亚硝酸盐毒性强，用量要严格控制。我国颁布的《食品添加剂使用卫生标准》（GB 2760—1996）中对硝酸钠和亚硝酸钠的使用量规定如下：

使用范围：肉类罐头，肉制品。

最大使用量：硝酸钠 0.05%，亚硝酸钠 0.015%。

最大残留量（亚硝酸钠计）：肉类罐头不得超过 0.005%；肉制品不得超过 0.003%。

亚硝酸盐对细菌有抑制效果，其中对肉毒梭状杆菌的抑制效果受到重视。研究亚硝酸盐量、食盐及 pH 的关系及可能抑制的范围的模拟试验表明，假定通常肉制品的食盐含量为 2%，pH 为 5.8 ～ 6.0，则亚硝酸钠需要 0.0025% ～ 0.030%。

二、发色助剂

肉制品中常用的发色助剂有抗坏血酸和异抗坏血酸及其钠盐、烟酰胺、葡萄糖、葡萄糖酸内酯等。其助色机理与硝酸盐或亚硝酸盐的发色过程紧密相连。

1. 抗坏血酸、抗坏血酸盐

抗坏血酸即维生素 C，具有很强的还原作用，但对热和重金属极不稳定，因此一般使用稳定性较高的钠盐。在肉制品中的最大使用量为 0.1%，一般为 0.025% ~ 0.05%。在腌制或斩拌时添加，也可以把原料肉浸渍在该物质的 0.02% ~ 0.1% 的水溶液中。腌制剂中加谷氨酸会增加抗坏血酸的稳定性。

2. 异抗坏血酸、异抗坏血酸盐

异抗坏血酸是抗坏血酸的异构体，其性质和作用与抗坏血酸相似。

3. 烟酰胺

烟酰胺也能形成稳定的烟酰胺肌红蛋白，使肉呈红色，且烟酰胺对 pH 的变化不敏感。据研究，同时使用维生素 C 和烟酰胺助色效果好，且成品的颜色对光的稳定性要好得多。

4. δ-葡萄糖酸内脂

δ-葡萄糖酸内脂能缓慢水解生成葡萄糖酸，造成火腿腌制时的酸性还原环境，促进硝酸盐向亚硝酸转化，有利于 NO-Mb 和 NO-Hb 的生成。

三、着色剂

着色剂亦称食用色素，是指为使食品具有鲜艳而美丽的色泽，改善感官性状以增进食欲而加入的物质。食用色素按其来源和性质分为食用天然色素和食用合成色素两大类。

我国国家标准《食品添加剂使用卫生标准》（GB2760—1996）规定允许使用的食用色素主要有红曲米、焦糖、姜黄、辣椒红素和甜菜红等。

1. 红曲米和红曲色素

红曲色素具有对 pH 稳定，耐光、耐热、耐化学性强，不受金属离子影响，对蛋白质着色性好以及色泽稳定，安全无害（LD50：6.96×10-3）等优点。红曲色素常用作酱卤、香肠等肉类制品、腐乳、饮料、糖果、糕点、配制酒等的着色剂。我国国家标准规定，红曲米使用量不受限制。

2. 甜菜红

甜菜红亦称甜菜根红，是由食用红甜菜（紫菜头）的根制取的一种天然红色素，由红色的甜菜花青素和黄色的甜菜黄素所组成。甜菜红为红色至红紫色液体、块或粉末或糊状物。水溶液呈红色至红紫色，pH 为 3.0 ~ 7.0 时比较稳定，pH 为 4.0 ~ 5.0 时稳定性最强。其染着性好，但耐热性差，降解速度随温度上升而增加。光和氧也可促进其降解。抗坏血酸对其有一定的保护作用，稳定性随食品水分活性（A_w）的降低而增加。

我国国家标准规定，甜菜红主要用于罐头、果味水、果味粉、果子露、汽水、糖果、配制酒等，其使用量按正常生产需要而定。

3. 辣椒红素

辣椒红素的主要成分为辣椒素、辣椒红素和辣椒玉红素，为具有特殊气味和辣味的深红色黏性油状液体。它溶于大多数非挥发性油，几乎不溶于水；耐酸性好，耐光性稍差。辣椒红素使用量按正常生产需要而定，不受限制。

4. 焦糖色

焦糖色亦称酱色、焦糖或糖色，为红褐色至黑褐色的液体、块状、粉末状或粗状物质。具有焦糖香味和愉快苦味。按制法不同，焦糖可分为不加铵盐（非氨法制造）和加铵盐（如亚硫酸铵）生产的两类。加铵盐生产的焦糖色泽较好，加工方便，成品率也较高，但有一定毒性。

焦糖色在肉制品加工中常用于酱卤、红烧等肉制品的着色和调味，其使用量按正常生产需要而定。

5. 姜黄素

姜黄色素是从姜黄根茎中提取的一种黄色色素，主要成分为姜黄素，约为姜黄的 3%～6%，是植物界很稀少的具有二酮的色素，为二酮类化合物。

姜黄素为橙黄色结晶粉末，味稍苦；不溶于水，溶于乙醇、丙二醇，易溶于冰醋酸和碱溶液，在碱性时呈红褐色，在中性、酸性时呈黄色；对还原剂的稳定性较强，着色性强（不是对蛋白质），一经着色后就不易退色，但对光、热、铁离子敏感，耐光性、耐热性、耐铁离子性较差。

姜黄素主要用于肠类制品、罐头、酱卤制品等产品的着色，其使用量按正常生产需要而定。

另外，在熟肉制品、罐头等食品生产中还常用萝卜红、高粱红、红花黄等食用天然色素作着色剂。我国国家标准《食品添加剂使用卫生标准》（GB2760—1996）规定，萝卜红按正常生产需要使用；高粱红最大使用量为 0.04%；红花黄为 0.02%。

四、防腐剂

防腐剂是具有杀死微生物或抑制其生长繁殖作用的一类物质，在肉品加工中常用的有以下几种：

1. 苯甲酸

苯甲酸又名安息香酸，苯甲酸钠亦称安息酸钠，是苯甲酸的钠盐。苯甲酸及其苯甲酸钠在酸性环境中对多种微生物有明显抑菌作用，但对产酸菌作用较弱。其抑菌作用受 pH 的影响。pH5.0 以下，其防腐抑菌能力随 pH 的降低而增加，最适 pH 为 2.5～4.0。pH 为 5.0 以上时对很多霉菌和酵母菌没有什么效果。我国国家标准《食品添加剂使用卫生标准》（GB 2760—1996）规定，苯甲酸与苯甲酸钠作为防腐剂，其最大使用量为（0.5～1.0）×10^{-3}。苯甲酸和苯甲酸钠同时使用时，以苯甲酸计，不得超过最大使用量。

2. 山梨酸

山梨酸系白色结晶粉末或针状结晶，几乎无色无味，较难溶于水，易溶于一般有机溶剂；耐光、耐热性好，适宜在 pH 为 5.0～6.0 以下范围内使用，对霉菌、酵母菌和好气性细菌均有抑制其生长的作用。肉制品加工中使用的标准添加量为 2g/kg。

3. 山梨酸钾

山梨酸钾系山梨酸的钾盐，易溶于水和乙醇。它能与微生物酶系统中的硫基结合，破坏许多重要酶系，达到抑制微生物增殖和防腐的目的，其防腐效果随 pH 的升高而降低，适宜在 pH 为 5.0 ~ 6.0 以下范围使用。使用标准添加量为 2.76 g/kg。

4. 山梨酸钠

山梨酸钠的性质与山梨酸钾类同，但难溶于乙醇。其安定性比山梨酸钾差，放置时能被氧化而自白黄色变成浓褐色。其效力与山梨酸钾同，使用量为 2.39 g/kg 以下。

五、抗氧化剂

1. 二丁基羟基甲苯（BHT）

二丁基羟基甲苯化学名称为 2,6-二叔丁基-4-甲基苯酚，简称 BHT。本品为白色结晶或结晶粉末，无味、无臭，能溶于多种溶剂，不溶于水及甘油；对热相当稳定，与金属离子反应不会着色。

《食品添加剂使用卫生标准》（GB 2760—1996）规定，BHT 的最大使用量为 0.2 g/kg。使用时，可将 BHT 与盐和其他辅料拌匀，一起掺入原料内进行腌制；也可以先溶解于油脂中，喷洒或涂抹于肉品表面，或按比例加入。

2. 没食子酸丙酯（PG）

没食子酸丙酯简称 PG，又名酸丙酯，为白色或浅黄色晶状粉末，无臭、微苦。易溶于乙醇、丙醇、乙醚，难溶于脂肪与水，对热稳定。没食子酸丙酯对脂肪、奶油的抗氧化作用较 BHA 或 BHT 强，三者混合使用时最佳；加增效剂柠檬酸则抗氧化作用更强；但与金属离子作用着色。

我国《食品添加剂使用卫生标准》（GB 2670—1996）规定，没食子酸丙脂的使用范围同 BHA 或 BHT，其最大使用量为 0.01%。丁基羟基茴香醚（BHA）与二丁基羟基甲苯（BHT）混合使用时，总量不得超过 0.02%，没食子酸丙脂不得超过 0.005%。

3. 维生素 E

维生素 E 又名生育酚，是目前国际上唯一大量生产的天然抗氧化剂。

本品为黄色至褐色几乎无臭的澄清黏稠液体，溶于乙醇而几乎不溶于水，可和丙酮、乙醚、氯仿、植物油任意混合，对热稳定。

维生素 E 的抗氧化作用比丁基羟基茴香醚（BHA）、二丁基羟基甲苯（BHT）的抗氧化能力弱，但毒性低，也是食品营养强化剂，主要适合作为婴儿食品、保健食品、乳制品与肉制品的抗氧化剂和食品营养强化剂。在肉制品、水产品、冷冻食品及方便食品中，其用量一般为食品油脂含量的 0.01% ~ 0.2% 左右。

4. 丁基羟基茴香醚（BHA）

丁基羟基茴香醚又名特丁基-4-羟基茴香醚、丁基大茴香醚，简称 BHA。为白色或微黄色的腊状固体或白色结晶粉末，带有特异的酚类臭气和刺激味，对热稳定；不溶于水，溶于丙二醇、丙酮、乙醇与花生油、棉子油、猪油。

丁基羟基茴香醚具有较强的抗氧化作用，还有相当强的抗菌力，用 1.5×10^{-4} 的 BHA 可以抑制金黄色葡萄球菌，用 2.8×10^{-4} 的 BHA 可以阻碍黄曲霉素的生成。BHA 使用方便，但成本较高。它是目前国际上广泛应用的抗氧化剂之一。最大使用量（以脂肪计）为 0.01%。

六、品质改良剂

1. 磷酸盐

目前肉制品中使用的品质改良剂多为磷酸盐类，主要有焦磷酸钠，其目的主要是提高肉的保水性能，使肉制品的嫩度和黏性增加，既可改善风味，也可提高成品率，肉制品中允许使用的磷酸盐有焦磷酸盐钠、三聚磷酸钠和六偏磷酸钠。

焦磷酸钠系无色或白色结晶性粉末，溶于水，不溶于乙醇，能与金属离子络合。本品对肉制品的稳定性起很大作用，并具有增加弹性、改善风味和抗氧化的作用。常用于灌肠和西式火腿等肉制品中，单独使用量不超过 0.5 g/kg。多与三聚磷酸钠混合使用。

三聚磷酸钠系无色或白色玻璃状块或片或白色粉末，有潮解性，水溶液呈碱性（pH 为 9.7），对脂肪有很强的乳化性；另外还有防止变色、变质、分散的作用，增加黏着力的作用也很强。其最大用量应控制在 2 g/kg 以内。

六偏磷酸钠系无色粉末或白色纤维状结晶或玻璃块状，潮解性强。对金属离子螯合力、缓冲作用、分散作用均很强。本品能促进蛋白质凝固，常用其他磷酸盐混合成复合磷酸盐使用，也可单独使用。最大使用量为 1 g/kg。

磷酸盐溶解性较差，因此在配制腌制液时要先将磷酸盐溶解后再加入其他腌制料。各种磷酸盐混合使用比单独使用好，混合的比例不同，效果也不一样。在肉制品加工中，使用量一般为肉重的 0.1%～0.4%。其参考混合比见表 1-4-1。

表 1-4-1　几种复合磷酸盐混合比（%）

类　别	一	二	三	四	五
焦磷酸钠	—	2	48	48	40
三聚磷酸钠	28	26	22	25	40
六偏磷酸钠	72	72	30	27	20

2. 大豆分离蛋白

粉末状大豆分离蛋白有良好的保水性。当浓度为 12% 时，加热的温度超过 60 ℃，黏度就急剧上升，加热到 80～90 ℃ 时静置、冷却，就会形成光滑的沙状胶质。这种特性使大豆分离蛋白加入肉组织时，能改善肉的质地，此外，大豆蛋白还有很好的乳化性。

3. 卡拉胶

卡拉胶的主要成分为易形成多糖凝胶的半乳糖、脱水半乳糖，多以 Ca^{2+}、Na^+、NH_4^+ 等盐的形式存在。可保持自身重量 10～20 倍的水分。在肉馅中添加 0.6% 的卡拉胶时，即可使肉馅保水率从 80% 提高到 88% 以上。

卡拉胶是天然胶质中唯一具有蛋白质反应性的胶质。它能与蛋白质形成均一的凝胶。由于卡拉胶能与蛋白质结合，形成巨大的网络结构，可保持肉制品中的大量水分，减少肉汁的流失，并且具有良好的弹性、韧性。卡拉胶还具有很好的乳化效果，能稳定脂肪，表现出很低的离油值，从而提高肉制品的出品率。另外，卡拉胶能防止盐溶性蛋白及肌动蛋白的损失，抑制鲜味成分的溶出。

4. 酪蛋白

酪蛋白能与肉中的蛋白质结合形成凝胶，从而提高肉的保水性。在肉馅中添加 2% 的酪蛋白时，可提高保水率 10%；添加 4% 的酪蛋白时，可提高保水率 16%。如与卵蛋白、血浆等并用效果更好。酪蛋白在形成稳定的凝胶时，可吸收比自身重 5～10 倍的水分。用于肉制品时，可增加肉制品的黏着性和保水性，改进产品质量，提高出品率。

5. 淀粉

淀粉的种类很多，按淀粉来源可分为玉米淀粉、甘薯淀粉、马铃薯淀粉、木薯淀粉、绿豆淀粉、豌豆淀粉、蘑芋淀粉、蚕豆淀粉及大麦、山药、燕麦淀粉等。通常情况下，制作灌肠时使用马铃薯淀粉，加工肉糜罐头时用玉米淀粉，制作肉丸等肉糜制品时用小麦淀粉。肉糜制品的淀粉用量视品种不同，可在 5%～50% 的范围内选择。

淀粉在肉制品中的作用主要是提高肉制品的黏着性，增加肉制品的稳定性；淀粉具有吸油性和乳化性，它可束缚脂肪在制作中的流动，缓解脂肪给肉制品带来的不良影响，改善肉制品的外观和口感，并具有较好的保水性，使肉制品出品率大大提高。

6. 变性淀粉

它们是由天然淀粉经过化学或酶处理等而使其物理性质发生改变，以适应特定需要而制成的淀粉。变性淀粉一般为白色或近白色无臭粉末。变性淀粉不仅能耐热、耐酸碱，还有良好的机械性能，是肉类工业良好的增稠剂和赋形剂。其用量一般为原料的 3%～20%。

实训三　肉品加工常用辅料识别

【目的要求】

通过本实验，使学生了解各种调味料、香辛料、添加剂的特性，掌握各种辅料在肉品加工中的作用，了解卤制品的汤料制作。

【材料用具】

1. 原料：

（1）丁香、香果、茴香、桂皮、香叶、八角、山柰、花椒、姜、辣椒、味精、鸡精、老抽酱油、菜油、白砂糖、食盐、料酒等。

（2）鸭子、鸡蛋、猪骨头、猪肝、鸡腿等。

2. 工具：菜刀、卤锅、火炉、菜板，烧杯、量筒、锅、炉等。

【方法步骤】

1. 原料准备

（1）将各种材料从市场买回来。

（2）各类香料的性质及特征评定分类：姜、辣椒、大蒜、葱、花椒有去味增香的作用；香果、香草有增香的作用；紫草、辣椒有着色的作用。

2. 制作过程

（1）将卤锅、菜刀、菜板用清水洗净，再在卤锅中加入一定的水煮沸。

（2）熬焦糖色，将少量的菜籽油倒入锅中熬香，再倒入少量的白砂糖，熬至焦糖色，即油包糖。

（3）将调味料和香辛料加入锅中，将熬好的焦糖倒入锅中一起熬制，再同时加入卤料，将丁香破碎，多香果和草果应多加，陈皮可少可多。

（4）熬制 1 h 后再加入老抽酱油，同时可加入食盐调味。

（5）熬制 3 ~ 4 h 后加味精，如果此时色泽度不够再加入老抽酱油调色。

（6）可将原料放入卤锅中卤制，根据原料品质不同则卤制的时间长短不一，肉制品 40 ~ 60 min，蛋制品 20 ~ 30 min。

（7）在卤制的过程中，如果咸度和鲜度不够则可加盐和鸡精。

思 考 题

1. 简述调味料的种类及其作用。
2. 肉制品加工中常用的香辛料有哪些？
3. 试述发色剂及发色助剂的种类及成色原理。
4. 简述着色剂的种类及其作用。
5. 简述防腐剂的种类及其作用。
6. 常用的抗氧化剂有哪些？
7. 试述肉制品加工中常用磷酸盐的种类及特性。

项目五　腌腊肉制品加工

【知识目标】　了解腌腊肉制品加工的原理，掌握腌制中各种材料的作用及腌制工艺。

【技能目标】　能对原料肉进行正确的腌制。

【素质目标】　培养学生解决腌制中出现的各种问题的分析能力。

任务一　腌制的基本原理

腌腊肉制品是我国传统的肉制品之一，指原料肉经预处理、腌制、脱水、贮藏成熟而成的一类肉制品。腌腊肉制品的特点是：肉质细致紧密，色泽红白分明，滋味咸鲜可口，风味独特，便于携带和贮藏。腌腊肉制品主要包括腊肉、咸肉、板鸭、中式火腿、西式火腿等。

肉的腌制是肉品贮藏的一种传统手段，也是肉品生产中常用的加工方法。肉的腌制通常是用食盐或以食盐为主并添加硝酸钠、蔗糖和香辛料等辅料对原料肉进行浸渍的过程。近年来，随着食品科学的发展，在掩制时常加入品质改良剂如磷酸盐、异维生素 C、柠檬酸等以提高肉的保水性，以获得较高的成品率；同时腌制的目的已从单纯的防腐贮藏发展到主要是为了改善风味和色泽，提高肉制品的质量，从而使腌制成为许多肉类制品加工过程中一个重要的工艺环节。

一、腌制的材料及其作用

（一）食盐的防腐作用

食盐是腌腊肉制品的主要配料，也是唯一不可缺少的腌制材料。食盐不能灭菌，但一定浓度的食盐（10%～15%）能抑制许多腐败微生物的繁殖，因而对腌腊制品具有防腐作用。肉制品中含有大量的蛋白质、脂肪等成分，但其鲜味要在一定浓度的咸味下才能表现出来。腌制过程中食盐的防腐作用主要表现在：① 食盐较高的渗透压，引起微生物细胞的脱水、变形，同时破坏水的代谢；② 影响细菌酶的活性；③ 钠离子的迁移率小，能破坏微生物细胞的正常代谢；④ 氯离子比其他阴离子（如溴离子）更具有抑制微生物活动的作用。此外，食盐的防腐作用还在于食盐溶液减少了氧的溶解度，氧很难溶于食盐水中，由于缺氧减少了需氧性微生物的繁殖。

（二）硝酸盐和亚硝酸盐的防腐作用

硝酸盐和亚硝酸盐可以抑制肉毒梭状芽孢杆菌的生长，也可以抑制许多其他类型腐败菌的生长。这种作用在硝酸盐浓度为 0.1% 和亚硝酸盐浓度为 0.01% 左右时最为明显。

肉毒梭状芽孢杆菌能产生肉毒梭菌毒素，这种毒素具有很强的致死性，对热稳定，大部分肉制品进行热加工的温度仍不能杀灭它，而硝酸盐能抑制这种毒素的生长，防止食物中毒事故的发生。

硝酸盐和亚硝酸盐的防腐作用受 pH 的影响很大，在 pH 为 6 时，对细菌有明显的抑制作用；当 pH 为 6.5 时，抑菌能力有所降低；当 pH 为 7 时，则不起作用，但其机理尚不清楚。

（三）食糖的作用

在肉制品加工中，由于腌制过程中食盐的作用，使腌肉因肌肉收缩而发硬且咸。添加白糖则具有缓和食盐的作用，由于糖受微生物和酶的作用而产生酸，促进盐水溶液中 pH 下降而使肌肉组织变软；同时白糖可使腌制品增加甜味，减轻由食盐引起的涩味，增强风味，并且有利于制作香肠的发酵。

（四）磷酸盐的保水作用

磷酸盐在肉制品加工中的作用主要是提高肉的保水性，增加黏着力。由于磷酸盐呈碱性反应，加入肉中能提高肉的 pH，使肉的膨胀度增大，从而增强保水性，增加产品的黏着力和减少养分流失，防止肉制品的变色和变质，有利于调味料浸入肉中心，使肉制品有良好的外观和光泽。

二、腌制过程中的呈色变化

（一）硝酸盐和亚硝酸盐对肉色的作用

肉在腌制时，食盐会加速血红蛋白（Hb）和肌红蛋白（Mb）的氧化，形成高铁血红蛋白（MetHb）和高铁肌红蛋白（MetMb），使肌肉丧失天然色泽，变成紫色调的淡灰色。为避免颜色的变化，在腌制时常使用发色剂——硝酸盐和亚硝酸盐，常用的有硝酸钠和亚硝酸钠。加入硝酸钠或亚硝酸钠后，由于肌肉中色素蛋白质和亚硝酸钠发生化学反应而形成鲜艳的亚硝基肌红蛋白和亚硝基血红蛋白，这种化合物在烧煮时变成稳定的粉红色，使肉呈现鲜艳的色泽。

发色机理：首先硝酸盐在肉中脱氮菌（或还原物质）的作用下，还原成亚硝酸盐；然后与肉中的乳酸产生复分解作用而形成亚硝酸；亚硝酸再分解产生氧化氮；氧化氮与肌肉纤维细胞中的肌红蛋白（或血红蛋白）结合而产生鲜红色的亚硝基（NO）肌红蛋白（或亚硝基血红蛋白），使肉具有鲜艳的玫瑰红色。

$$NaNO_3 \xrightarrow{\text{脱氮菌还原}(+2H)} NaNO_2 H_2O$$

$$NaNO_2 + CH_3CH(OH)COOH \longrightarrow HNO_2 + CH_3CH(OH)COONa$$

$$2HNO_2 \longrightarrow NO + NO_2 H_2O$$

$$NO + 肌红蛋白(血红蛋白) \longrightarrow NO 肌红蛋白(血红蛋白)$$

亚硝酸是提供一氧化氮的最主要来源。实际上获得色素的程度，与亚硝酸盐参与反应的量有关。亚硝酸盐能使肉发色迅速，但呈色作用不稳定，适用于生产过程短而不需要长期贮藏的肉制品，对那些生产周期长和需要长期贮藏的肉制品，最好使用硝酸盐。现在许多国家广泛采用混合盐料。用于生产各种灌肠时混合盐料的组成是：食盐98%，硝酸盐0.83%，亚硝酸盐0.17%。

（二）发色助剂——抗坏血酸盐对肉色的稳定作用

肉制品中常用的发色助剂有抗坏血酸和异抗坏血酸及其钠盐、烟酚胺等。其助色机理与硝酸盐或亚硝酸盐的发色过程紧密相关。

如前所述，硝酸盐或亚硝酸盐的发色机理是其生成的亚硝基（NO）与肌红蛋白或血红蛋白形成显色物质，其反应如下：

$$KNO_3 \xrightarrow{\text{肉中硝酸还原菌}} KNO_2 + H_2O \tag{1}$$

$$KNO_2 + CH_3CHOHCOOH \longrightarrow HNO_2 + CH_3CHOHCOOK \tag{2}$$
$$\quad 亚硝酸钾 \qquad 乳酸 \qquad\qquad 亚硝酸 \qquad 乳酸钾$$

$$3HNO_2 \xrightarrow{\text{不稳定分解}} H^+ + NO_3^- + 2NO + H_2O \tag{3}$$

$$NO + Mb(Hb) \longrightarrow NO-Mb(NO-Hb) \tag{4}$$

由反应式(4)可知，NO的量越多，呈红色的物质就越多，则肉色越红。从反应式(3)可知，亚硝酸经自身氧化反应，只有一部分转化成NO，而另一部分则转化成了硝酸。而硝酸具有很强的氧化性，使红色素中的还原型铁离子(Fe^{2+})被氧化成氧化型铁离子(Fe^{3+})，从而使肉的色泽变褐。同时，生成的NO可以被空气中的氧氧化成亚硝基(NO_2)，进而与水生成硝酸和亚硝酸：

$$2NO + O_2 \longrightarrow 2NO_2$$

$$2NO_2 + H_2O \longrightarrow HNO_3 + HNO_2$$

反应结果不仅减少了NO的量，而且又生成了氧化性很强的硝酸。

发色助剂具有较强的还原性，其助色作用通过促进NO生成，防止NO及亚铁离子的氧化。抗坏血酸盐容易被氧化，是一种良好的还原剂。它能促使亚硝酸盐还原成一氧化氮，并创造厌氧条件，加速一氧化氮和肌红蛋白的形成，完成肉制品的发色作用，同时在掩制过程中防止一氧化氮再被氧化成二氧化氮，有一定的抗氧化作用。若与其他添加剂混合使用，能防止肌肉红色变褐。

腌制液中复合磷酸盐会改变盐水的 pH，会影响抗坏血酸的助色效果，因此往往在加抗坏血酸的同时加入助色剂烟酰胺。烟酰胺也能形成稳定的烟酰胺肌红蛋白，使肉呈红色，且烟酰胺对 pH 的变化不敏感。据研究，同时使用抗坏血酸和烟酰胺助色效果好，且成品的颜色对光的稳定性要好得多。

目前世界各国在生产肉制品时，都非常重视抗坏血酸的使用。其最大使用量为 0.1%，一般为 0.025% ~ 0.05%。

（三）影响腌制肉制品色泽的因素

1. 发色剂的使用量

肉制品的色泽与发色剂的使用量密切相关，用量不足时发色效果不明显。为了保证肉色呈红色，亚硝酸钠的最低用量为 0.05 g/kg；用量过大时，过量的亚硝酸钠的存在又能使血红素物质中的卟啉环的 α-甲炔键硝基化，生成绿色的衍生物。为了确保食用安全，我国国家标准规定：在肉制品中硝酸钠的最大使用量为 0.05%；亚硝酸钠的最大使用量为 0.15 g/kg，在这个安全范围内使用发色剂的多少和原料肉的种类、加工工艺条件及气温情况等因素有关。一般气温越高，呈色作用越快，发色剂可适当少添加一些。

2. 肉的 pH

肉的 pH 也影响亚硝酸盐的发色作用。亚硝酸钠只有在酸性介质中才能还原成一氧化氮，所以当 pH 呈中性时肉色就淡，特别是为了提高肉制品的保水性，常加入碱性磷酸盐，这会引起 pH 升高，影响呈色效果，所以应注意其用量。在过低的 pH 环境中，亚硝酸盐的消耗量增大，如使用亚硝酸盐过量，又易引起绿变，发色的最适 pH 范围一般为 5.6 ~ 6.0。

3. 温度

生肉呈色的过程比较缓慢，但经烘烤、加热后，反应速度会加快。如果配好料后不及时处理，生肉就会褪色，特别是灌肠机中的回料常因氧化而褪色，这就要求操作迅速、及时加热。

4. 腌制添加剂

添加蔗糖和葡萄糖，由于其还原作用，可影响肉色强度和稳定性；加烟酸、烟酰胺也可形成比较稳定的红色，但这些物质无防腐作用，还不能代替亚硝酸钠。另一方面，香辛料中的丁香对亚硝酸盐还有消色作用。

5. 其他因素

微生物和光线等也会影响腌肉色泽的稳定性，正常腌制的肉，切开后置于空气中，切面会逐渐发生褐变，这是因为一氧化氮肌红蛋白在微生物的作用下引起卟啉环的变化。一氧化氮肌红蛋白不但受微生物的影响，对可见光也不稳定，在光的作用下，NO-血色原失去 NO，再氧化成高铁血色原，高铁血色原在微生物等的作用下，使得血色素中的卟啉环发生变化，生成绿、黄、无色衍生物，这种褪变现象在脂肪酸败、有过氧化物存在时可加速发生。有时制品在避光的条件下贮藏也会褪色，这是由于NO-肌红蛋白单纯氧化所造成的。如灌肠制品由于灌得不紧，空气混入馅中，气孔周围的颜色变成暗褐色。肉制品的褪色与温度有关，在 2 ~ 8 ℃的温度条件下其褪色速度比在15 ~ 20 ℃以上的温度条件下要慢一些。

综上所述，为了使肉制品获得鲜艳的颜色，除了要有新鲜的原料外，必须根据腌制时间长短，选择合适的发色剂，掌握适当的用量，在适宜的pH条件下严格操作。此外，要注意低温、避光并添加抗氧化剂，真空包装或充氮包装，添加去氧剂脱氧等方法避免氧的影响，以保持腌肉制品的色泽。

三、腌制过程中的保水变化

腌制除了改善肉制品的风味，提高贮藏性能，增加诱人的颜色外，还可以提高原料肉的保水性和黏结性。

（一）食盐的保水作用

食盐能使肉的保水作用增强。Na^+和Cl^-与肉蛋白质结合，在一定的条件下蛋白质立体结构发生松弛，使肉的保水性增强。此外，食盐腌肉使肉的离子强度提高，肌纤维蛋白质数量增多，在这些纤维状肌肉蛋白质加热变性的情况下，将水分或脂肪包裹起来凝固，使肉的保水性提高。

肉在腌制时由于吸收腌制液中的水分和盐分而发生膨胀。对膨胀影响较大的是pH、腌制液中盐的浓度、肉量与腌制液的比例等。肉的pH越高其膨润度越大；盐水浓度在8% ~ 10%左右时膨润度最大。

（二）磷酸盐的保水作用

磷酸盐有增强肉的保水性和黏结性的作用。其作用机理是：

（1）磷酸盐呈碱性反应，加入肉中可提高肉的pH，从而增强肉的保水性。

（2）磷酸盐的离子强度大，肉中加入少量即可提高肉的离子强度，改善肉的保水性。

（3）磷酸盐中的聚磷酸盐可使肌肉蛋白质的肌动球蛋白分离为肌球蛋白、肌动蛋白，从而使大量蛋白质的分散粒子因强有力的界面作用，成为肉中脂肪的乳化剂，使脂肪在肉中保持分散状态。此外，聚磷酸盐能改善蛋白质的溶解性，在蛋白质加热变性时，能和水包在一起凝固，增强肉的保水性。

（4）聚磷酸盐有除去与肌肉蛋白质结合的钙和镁等碱土金属的作用，从而能增强蛋白质亲水基的数量，使肉的保水性增强。磷酸盐中以聚磷酸盐即焦磷酸盐的保水性最好，其次是三聚磷酸钠、四聚磷酸钠。

生产中常使用几种磷酸盐的混合物，磷酸盐的添加量一般在0.1% ~ 0.3%的范围，添加磷酸盐会影响肉的色泽，并且过量使用有损肉的风味。

四、肉的腌制方法

肉在腌制时采用的方法主要有四种，即干腌法、湿腌法、混合腌制法和注射腌制法，不同腌腊制品对腌制方法有不同的要求，有的产品采用一种腌制法即可，有的产品则需要采用两种甚至两种以上的腌制法。

（一）干腌法

用食盐或盐硝混合物涂擦肉块，然后堆放在容器中或堆叠成一定高度的肉垛。操作和设备简单，在小规模肉制品厂和农村多采用此法。腌制时由于渗透和扩散作用，由肉的内部分泌出一部分水分和可溶性蛋白质与矿物质等形成盐水，逐渐完成其腌制过程，因而腌制需要的时间较长。干腌时产品总是失水的，失去水分的程度取决于腌制的时间和用盐量。腌制周期越长，用盐量越高，原料肉越瘦，腌制温度越高，产品失水越严重。

干腌法生产的产品有独特的风味和质地，中式火腿、腊肉均采用此法腌制；国外采用干腌法生产的比例很少，主要是一些带骨火腿如乡村火腿。干腌的优点是操作简便，不需要多大的场地，蛋白质损失少，水分含量低，耐贮藏；缺点是腌制不均匀，失重大，色泽较差，盐不能重复利用，工人劳动强度大。

（二）湿腌法

湿腌法即盐水腌制法，就是在容器内将肉品浸没在预先配制好的食盐溶液内，并通过扩散和水分转移，让腌制剂渗入肉品内部，并获得比较均匀的分布，直至它的浓度最后和盐液浓度相同的腌制方法。

湿腌法用的盐溶液一般是 15.3 ~ 17.7°Be′，硝石不低于 1%，也有用饱和溶液的，腌制液可以重复利用，再次使用时需煮沸并添加一定量的食盐，便其浓度达 12°Be′，湿腌法腌制肉类时，每千克肉需要 3 ~ 5 d。

湿腌法的优点是：腌制后肉的盐分均匀，盐水可重复使用，腌制时降低了工人的劳动强度，肉质较为柔软；不足之处是蛋白质流失严重，所需腌制时间长，风味不及干腌法，含水量高，不易贮藏。

（三）混合腌制法

采用干腌法和湿腌法相结合的一种方法。可先进行干腌，放入容器中之后，再放入盐水中腌制或在注射盐水后，用干的硝盐混合物涂擦在肉制品上，放在容器内腌制。这种方法应用最为普遍。

干腌和湿腌相结合可减少营养成分流失，增加贮藏时的稳定性，防止产品过度脱水，咸度适中，不足之处是较为麻烦。

（四）注射腌制法

为了加速腌制液渗入肉的内部，在用盐水腌制时先用盐水注射，然后再放入盐水中腌制。盐水注射法分动脉注射腌制法和肌肉注射腌制法。

1. 动脉注射腌制法

此法是使用泵将盐水或腌制液经动脉系统压送入分割肉或腿肉内的腌制方法。但一般分割胴体的方法并不考虑原来的动脉系统的完整性，故此法只能用于腌制前后腿。此法的优点在于腌制液能迅速渗透肉的深处，不破坏组织的完整性，腌制速度快；不足之处是用于腌制的肉必须是血管系统没有损伤、刺杀放血良好的前后腿，同时产品容易腐败变质，必须进行冷藏。

2. 肌肉注射法

肌肉注射法分单针头和多针头两种，肌肉注射用的针头大多为多孔的，但针头注射法适合于分割肉，一般每块肉注射 3~4 针，注射量为 85 g 左右，一般增重 10%，肌肉注射可在磅秤上进行。

多针头肌肉注射最适合用于形状整齐而不带骨的肉类，肋条肉最为适宜。带骨或去骨肉均可采用此法。多针头机器，一排针头可多达 20 枚，每一针头中有小孔，插入深度可达 26 cm，平均每小时注射 60 000 次，由于针头数量大，两针相距很近，注射时肉内的腌制液分布较好，可获得预朗的增重效果。肌肉注射时腌制液经常会过多地聚集在注射部位的四周，短时间难以散开，因而肌肉注射时就需要较长的注射时间以便充分扩散腌制液而不至于聚集过多。

盐水注射法可以降低操作时间，提高生产效益，降低生产成本，但其成品质量不及干腌制品，风味稍差，煮熟后肌肉收缩的程度比较大。

任务二　腌腊肉制品加工

一、咸肉的加工

咸肉是以鲜肉为原料，用食盐腌制而成的肉制品。咸肉也分为带骨和不带骨两种，带骨肉按加工原料的不同，有"连片""段片""小块""咸腿"之别。咸肉在我国各地都有生产，品种繁多，式样各异，其中以浙江咸肉、如皋咸肉、四川咸肉、上海咸肉等较为有名。如浙江咸肉皮薄、颜色嫣红、肌肉光洁、色美味鲜、气味醇香又能久藏。咸肉加工工艺大致相同，其特点是用盐量多。

1. 工艺流程

原料选择→修整→开刀门→腌制→成品

2. 操作要点

（1）原料选择。鲜猪肉或冻猪肉都可以作为原料，肋条肉、五花肉、腿肉均可，但需肉色好、放血充分且必须经过卫生检验部门检疫合格。若为新鲜肉，必须摊开凉透；若是冻肉，必须解冻微软后再行分割处理。

（2）修整。先削去血脖部位污血，再割除血管、淋巴、碎油及横膈膜等。

（3）开刀门。为了加速腌制，可在肉上割出刀口，俗称"开刀门"。刀口的大小深浅和多少取决于腌制时的气温和肌肉的厚薄。

（4）腌制。在 3~4 ℃条件下腌制。温度高，腌制过程快，但易发生腐败；温度低，腌制慢，风味好。干腌时，用盐量为肉重的 14%~20%，硝石为 0.05%~0.75%，以盐、硝混合涂抹于肉表面，肉厚处多擦一些，擦好盐的肉块堆垛腌制。第一层皮面朝下，每层间再撒一层盐，依次压实，最上一层皮面向上，于表面多撒一些盐。每隔 5~6 d，上下层互相调换一次，同时补撒食盐，经 25~30 d 即成。若用湿腌法腌制时，用开水配成 22%~35% 的食盐液，再加 0.7%~1.2% 的硝石、2%~7% 的食糖（也可不加）。将肉成排地堆放在缸或木桶内，加入配好冷却的澄清盐液，以浸没肉块为度。盐液重约为肉重的 30% ~ 40%，肉面压以木板或石块。每隔 4 ~ 5 d 上下层翻转一次，15 ~ 20 d 即成。

二、腊肉的加工

腊肉是指我国南方冬季（腊月）长期贮藏的腌肉制品。用猪肋条肉经剔骨、切割成条状后用食盐及其他调料腌制，经长期风干、发酵或经人工烘烤而成，使用时需加热处理。腊肉的品种很多，选用鲜猪肉的不同部位都可以制成各种不同品种的腊肉，以产地分为广东腊肉、四川腊肉、湖南腊肉等，其产品的品种和风味各具特色。广东腊肉以色、香、味、形俱佳而享誉中外，其特点是选料严格，制作精细、色泽美观、香味浓郁、肉质细嫩、芬芳醇厚、甘甜爽口。四川腊肉的特点是色泽鲜明，皮肉红黄，肥膘透明或乳白，腊香带咸。湖南腊肉肉质透明，皮呈酱紫色、肥肉亮黄、瘦肉棕红、风味独特。

1. 工艺流程

腊肉的生产在全国各地生产工艺大同小异，一般工艺流程为：

选料修整→配制调料→腌制→风干、烘烤或熏烤→成品→包装

2. 操作要点

（1）选料修整。最好采用皮薄肉嫩、肥膘在 1.5 cm 以上的新鲜猪肋条肉为原料，也可选用冰冻肉或其他部位的肉。根据品种不同和腌制时间的长短，猪肉修割的大小也不同，广式腊肉切成长约 38 ~ 5O cm,每条重约 180 ~ 20 g 的薄肉条;四川腊肉则切成每块长 27 ~ 36 cm、宽 33 ~ 50 cm 的腊肉块。家庭制作的腊肉肉条大都超过上述标准，而且多是带骨的。肉条切好后，用尖刀在肉条上端 3 ~ 4 cm 处穿一小孔，便于腌制后穿绳吊挂。

（2）配制调料。不同品种所用的配料不同，同一种品种在不同季节的生产配料也有所不同。消费者可根据自己喜好的口味进行配料选择。

（3）腌制。一般采用干腌法、湿腌法和混合腌制法。

① 干腌。取肉条和混合均匀的配料在案上擦抹，或将肉条放在盛配料的盆内搓揉均可，搓擦要求均匀擦遍，对肉条皮面适当多擦，擦好后按皮面向下、肉面向上的顺序，一层一层叠放在腌制缸内，最上面的一层肉面向下、皮面向上。剩余的配料可撒布在肉条的上层，掩制中期应翻缸一次，即把缸内的肉条从上到下依次转到另一个缸内，翻缸后再继续进行腌制。

② 湿腌。这是腌制去骨腊肉常用的方法，取切好的肉条逐条放入配制好的腌制液中，湿腌时应使肉条完全浸泡在腌制液中，腌制时间为 15 ~ 18 h，中间翻缸两次。

③ 混合腌制。即将干腌后的肉条再浸泡入腌制液中进行湿腌，使腌制时间缩短，肉条腌制更加均匀。混合腌制时食盐用量不得超过 6%。使用陈的腌制液时，应先清除杂质，并在 80 ℃ 温度下煮 30 min，过滤后冷却备用。

④ 注意事项：

A. 腌制时间视腌制方法、肉条大小、室温等因素而有所不同，腌制时间最短 3 ~ 4 h 即可，腌制周期长的也可达 7 d 左右，以腌好、腌透为标准。

B. 腌制腊肉无论采用哪种方法，都应充分搓擦，仔细翻缸，腌制室温度保持在 0 ~ 10 ℃。

C. 有的腊肉品种，像带骨腊肉，腌制完成后还要洗肉坯。目的是使肉皮内外盐度尽量均匀，防止在制品表面产生白斑（盐霜）和一些有碍美观的色泽。洗肉坯时用铁钩把肉皮吊起

或穿上线绳后，在装有清洁冷水的缸中摆荡漂洗。

D. 肉坯经过洗涤后，表层附有水滴，在烘烤、熏烤前需把水晾干，可将漂洗干净的肉坯连钩或绳挂在晾肉间的晾架上，没有专设晾肉间的可挂在空气流通而清洁的地方晾干。晾干的时间应视温度和空气流通情况适当掌握，温度高、空气流通，晾干时间可短一些，反之则长一些。有的地方制作的腊肉不进行漂洗，它的晾干时间根据用盐量来决定，一般为带骨腊肉不超过 0.5 d，去骨腊肉在 1 d 以上。

（4）风干、烘烤或熏烤。在冬季，家庭自制的腊肉常放在通风阴凉处自然风干。工业化生产腊肉常年均可进行，就需进行烘烤，使肉坯水分快速脱去而又不能使腊肉变质发酸。腊肉因肥膘肉较多，烘烤时温度一般控制在 45～55 ℃，烘烤时间因肉条大小而异，一般 24～72 h 不等。烘烤过程中温度不能过高以免烤焦、肥膘变黄；也不能太低，以免水分蒸发不足，使腊肉发酸。烤房内的温度要求恒定，不能忽高忽低，影响产品质量。经过一定时间烘烤，表面干燥并有出油现象，即可出烤房。

烘烤后的肉条，送入干燥通风的晾挂室中晾挂冷却，等肉温降到室温即可。如果遇雨天应关闭门窗，以免受潮。

熏烤是腊肉加工的最后一道工序，有的品种不经过熏烤也可食用。烘烤的同时可以进行熏烤，也可以先烘干完成烘烤工序后再进行熏制，采用哪一种方式可根据生产厂家的实际情况而定。

家庭熏制自制腊肉更简捷，把腊肉挂在距灶台 1.5 m 的木杆上（农村做饭菜用的柴火灶），利用烹调时的熏烟熏制。这种方法烟淡、温度低且常间歇，所以熏制缓慢，通常要熏 15～20 d。

（5）成品。烘烤后的肉坯悬挂在空气流通处，散尽热气后即为成品。成品率为 70% 左右。

（6）包装。现多采用真空包装，250 g、500 g 不同规格包装较多，腊肉烘烤或熏烤后待肉温降至室温即可包装。真空包装腊肉保质朗可达 6 个月以上。

三、板鸭的加工

板鸭是我国传统禽肉腌腊制品，始创于明末清初，至今有三百多年的历史，著名的产品有南京板鸭和南安板鸭，前者始创于江苏南京，后者始创于江西大余县（古时称南安）。两者加工过程各有特点，下面分别介绍两种板鸭的加工工艺。

（一）南京板鸭

南京板鸭又称"贡鸭"，可分为腊板鸭和春板鸭两类。腊板鸭是从小雪到立春，即农历十月到十二月底加工的板鸭，这种板鸭品质最好，肉质细嫩，可以保存三个月时间；而春板鸭是用从立春到清明，即由农历一月至二月底加工的板鸭，这种板鸭保存时间较短，一般一个月左右。

南京板鸭的特点是外观体肥、皮白、肉红骨绿（板鸭的骨并不是绿色的，只是一种形容的习惯语）；食用时具有香、酥、板（板的意义是指鸭肉细嫩紧密，南京俗称发板）、嫩的特色，余味回甜。

1. 工艺流程

原料选择→宰杀→浸烫褪毛→开膛取出内脏→清洗→腌制→成品

2. 操作要点

（1）原料选择。选择健康、无损伤的肉用性活鸭，以两翅下有"核桃肉"，尾部四方肥为佳，活重在 1.5 kg 以上。活鸭在宰杀前要用稻谷（或糠）饲养一段时期（15～20 d）催肥，使膘肥、肉嫩、皮肤洁白，这种鸭脂肪熔点高，在温度高的情况下也不容易滴油、变哈喇味；若以糠麸、玉米为饲料则体皮肤淡黄，肉质虽嫩但较松软，制成板鸭后易收缩和滴油变味，影响气味。所以，以稻谷 （或糠）催肥的鸭品质最好。

（2）宰杀：

① 宰前断食。将育肥好的活鸭赶入待宰场，并进行检验，将病鸭挑出。待宰场要保持安静状态，宰前 12～24 h 停止喂食，充分饮水。

② 宰杀放血。有口腔宰杀和颈部宰杀两种，以口腔宰杀为佳，可保持商品的完整美观，减少污染。由于板鸭为全净膛，为了易拉出内脏，目前多采用颈部宰杀，宰杀时要注意以切断三管为度，刀口过深易掉头和出次品。

（3）浸烫褪毛：

① 烫毛。鸭宰杀后 5 min 内褪毛，烫毛水温以 63～65 ℃ 为宜，一般 2～3 min。

② 褪毛。其顺序为：先拔翅羽毛，次拔背羽毛，再拔腹胸毛、尾毛、颈毛，此称为抓大毛。拔完后随即拉出鸭舌，再投入冷水中浸洗，并拔净小毛、绒毛、称为净小毛。

（4）开膛取内脏。鸭毛褪光后立即去翅、去脚、去内脏。在翅和腿的中间关节处将两翅和两腿切除。然后再在右翅下开一长约 4 cm 的直型口子，取出全部内脏并进行检验，合格者方能加工板鸭。

（5）清洗。用清水清洗体腔内残留的破碎内脏和血液，从肛门内把肠子断头、输精管或输卵管拉出剔除。清膛后将鸭体浸入冷水中 2 h 左右，以浸出体内淤血，使皮色洁白。

（6）腌制：

① 腌制前的准备工作：食盐必须炒熟、磨细，炒盐时每百公斤食盐加 200～300 g 茴香。

② 干腌：滤干水分，将鸭体人字骨压扁，使鸭体呈扁长方形。擦盐要遍及体内外。一般用盐量为鸭重的 1/15。擦腌后叠放在缸中进行腌制。

③ 制备盐卤：盐卤由食盐水和调料配制而成。因使用次数多少和时间长短的不同而有新卤和老卤之分。

新卤的配制：采用浸泡鸭体的血水加盐配制，每 100 kg 血水加食盐 75 kg，放入锅内煮成饱和溶液，撇去血污与泥污，用纱布滤去杂质，再加辅料，每 200 kg 卤水放入大片生姜 100～150 g、八角 50 g、葱 150 g，使卤具有香味，冷却后成新卤。

老卤：新卤经过腌鸭后多次使用和长期贮藏即成老卤，盐卤越陈旧腌制出的板鸭风味越佳，这是因为腌鸭后一部分营养物质渗进卤水，每烧煮一次，卤水中的营养成分就浓厚一些。越是老卤，其中营养成分越浓厚，而鸭在卤中互相渗透、吸收，便鸭肉的味道更佳。盐卤腌制 4～5 次后需要重新煮沸，煮沸时可适当补充食盐，使卤水保特咸度，通常为 22～25°Be′。

④ 抠卤：擦腌后的鸭体逐只叠放入缸中，经过 l2 h 后，把体腔内的盐水排出，这一工序称为抠卤。抠卤后再叠放入缸内，经过 8 h，进行第二次抠卤，目的是腌透并浸出血水，使皮肤肌肉洁白美观。

⑤ 复卤：抠卤后进行湿腌，从开口处灌入老卤，再浸没入老卤缸内，使鸭体全部腌入老

卤中即为复卤，经24 h出缸，从泄殖腔处排出卤水，挂起滴净卤水。

⑥ 叠坯：鸭体出缸后，倒尽卤水，放在案板上用手掌压成扁型，再叠放入缸内2～4 d，这一工序称为"叠坯"，存放时，必须头向缸中心，再把四肢排开盘放入缸中，以免刀口渗出血水污染鸭体。

⑦ 排坯晾挂：排坯的目的是使鸭肥大好看，同时也便鸭子内部通气。将鸭取出，用清水净体，挂在木档钉上，用手将颈拉开，胸部拍平，挑起腹肌，以达到外形美观；置于通风处风干，至鸭子皮干水净后，再收后复排，在胸部加盖印章，转到仓库晾挂通风保存，2周后即成板鸭。

（7）成品。成品板鸭体表光洁，黄白色或乳白色，肌肉切面平而紧密，呈玫瑰色，周身干燥，皮面光滑无皱纹，胸部凸起，颈椎露出，颈部发硬，具有板鸭固有的气味。

（二）奇香板鸭

1. 工艺流程

原料准备→宰杀加工→擦盐干腌→进缸卤制→整形晾干→成品

2. 操作要点

（1）原料准备。选择肉质细嫩、肥壮、生长约120 d、体重在1.5 kg以上的活鸭。

（2）宰杀加工。在宰杀前12～14 h应禁食，按常规方法屠宰烫毛，除去内脏，漂洗后，从肘关节、膝关节处去掉翅和脚爪。然后放在桌上，背向下，腹朝上，用手掌放在胸骨部使劲下压，压扁胸部前后的胸骨，使鸭体呈扁圆形。

（3）擦盐干腌。将鸭体的内外、口腔、刀口、腿部及腹部都抹上食盐（每1.5 kg的鸭体约用食盐120 g）。须把整个鸭体抹均，里外腌透。将抹盐后的鸭体用缸一层一层装满压实，再在上面撒些食盐。腌12 h后即可出缸。若遇气温较低，需换缸滤出血水，再腌渍5～7 h后取出。

（4）进缸卤制：

卤液的配方：按每100只1.5 kg的鸭计算，取食盐3.5 kg、酱油2 kg、葱150 g、大茴20 g、小茴20 g、肉桂50 g、水50 kg。

配制方法：将食盐和大茴香、小茴香、肉桂皮置于锅中，炒至无水蒸气为止，然后加入水和其他辅料煮沸，过滤后加入缸中，将干腌好的鸭体放入卤液中浸没，卤制12～24 h。

（5）整形晾干。用竹片将卤好的板鸭支撑成"大"字形，挂起沥干卤液后再放回卤缸中，浸渍2～4 d取出，挂在架上用清水洗净，用毛巾擦干整形。即把鸭体放在案板上，将鸭颈舒展平，把扁平的鸭体四周弄整齐，胸部拉平，两腿展开，再用清水洗干净，悬挂于阴凉通风处吹干或挂在太阳下晒干。若遇连续阴雨天气，也可放进烘房烤干后即为成品。如此加工的板鸭香味扑鼻，成紫红色。

四、中式火腿的加工

中式火腿用整条带皮猪腿为原料，经腌制、水洗和干燥，长时间发酵制成的肉制品。产品加工期近半年，成品水份低，肉呈紫红色，有特殊的腌腊香味，食前需熟制。中式火腿分为三种：南腿，以金华火腿为代表；北腿，以如皋火腿为代表；云腿，以云南宣威火腿为代表。南北火腿的划分以长江为界。

云南宣威火腿的历史悠久，驰名中外，属华夏三大名火腿之一。其形似琵琶，皮色腊黄，瘦肉呈桃红色或玫瑰色，肥肉乳白色，肉质滋嫩，香味浓郁，咸香可口，以色、香、味、形著称。下面介绍宣威火腿的加工方法。

1. 工艺流程

鲜腿修割定形→上盐腌制→堆码翻压→洗晒整形→上挂风干→发酵管理→成品

2. 操作要点

（1）鲜腿修割定形。鲜腿毛料支重以 7～15 kg 为宜，在通风较好的条件下，经 10～12 h 冷凉后，根据腿的大小形状进行修割，9～15 kg 的修成琵琶形，7～9 kg 的修成柳叶形。修割时，先用刀刮去皮面残毛和污物，使皮面光洁；再修去附着在肌膜和骨盆的脂肪和结缔组织，除净血渍，再从左至右修去多余的脂肪和附着在肌肉上的碎肉，切割时做到刀路整齐、切面平滑、毛光血净。

（2）上盐腌制。将经冷凉并修割定形的鲜腿上盐腌制，用盐量为鲜腿重量的 6.5%～7.5%，每隔 2～3 d 上盐一次，一般分 3～4 次上盐，第一次上盐 2.5%，第二次上盐 3%，第三次上盐 1.5%（以总盐量 7% 计）。腌制时将腿肉面朝下、皮面朝上，均匀撒上一层盐，从蹄壳开始，逆毛孔向上，用力揉搓皮层，使皮层湿润或盐与水呈糊状，反复第一次上盐结束后，将腿堆码在便于翻动的地方，2～3 d 后，用同样的方法进行第二次上盐，堆码；间隔 3 d 后进行第三次上盐、堆码。三次上盐堆码三天后反复查，如有淤血排出，用腿上余盐复搓（俗称赶盐），使肌肉变成板栗色，腌透的则无淤血排出。

（3）堆码翻压。将上盐后的腌腿置于干燥、冷凉的室内，室内温度保持在 7～10 ℃，相对湿度保持在 62%～82%。堆码按大、小分别进行，大支堆 6 层，小支堆 8～12 层，每层 10 支。少量加工采用铁锅堆码，锅边、锅底放一层稻草或木棍做隔层。堆码翻压要反复进行三次，每次间隔 4～5 d，总共堆码腌制 12～15 d。翻码时，要使底部的腿翻换到上部，上部的翻换到下部。上层腌腿脚杆压住下层腿部血筋处，以排尽淤血。

（4）洗晒整形。经堆码翻压的腌腿，如肌肉面、骨缝由鲜红色变成板栗色，淤血排尽，即可进行洗晒整形。浸泡洗晒时，将腌好的火腿放入清水中浸泡，浸泡时，肉面朝下，不得露出水面，浸泡时间看火腿的大小和气温高低而定，气温在 10 ℃ 左右，浸泡时间约 10 h。浸泡时如发现火腿肌肉发暗，则浸泡时间酌情延长。如用流动水应缩短时间。浸泡结束后，即进行洗刷，洗刷时应顺着肌肉纤维的排列方向进行，先洗脚爪，依次为皮面、肉面到腿下部。必要时，浸泡洗刷可进行两次，第二次浸泡的时间视气温而定，若气温在 10 ℃ 左右，约 4 h，如在春季约 2 h。浸泡洗刷完毕后，把火腿凉晒至皮层微干、肉面尚软时，开始整形，整形时将小腿校直，皮面压平，用手从腿面两侧挤压肌肉，使腿形丰满，整形后上挂在室外阳光下继续晾晒。晾晒的时间根据季节、气温、风速、腿的大小、肥瘦不同确定，一般 2～3 d 为宜。

（5）上挂风干。经洗晒整形后，火腿即可上挂，一般采用 0.7 m 左右的结实干净绳子，结成猪蹄扣捆住庶骨部位，挂在仓库楼杆钉子上，成串上挂的大支挂上、小支挂下，或大、中、小分类上挂，每串一般 4～6 支，上挂时应做到皮面、肉面一致，支与支之间保持适当距离，挂与挂之间留有人行道，以便于观察和控制发酵条件。

（6）发酵管理。上挂初期至清明节前，严防春风的侵入，以免造成暴干开裂。注意适时开窗 1 ~ 2 h，保持室内通风干燥，使火腿逐步风干。立夏节令后，及时开关门窗，调节库房温度、湿度，让火腿充分发酵。楼层库房必要时应楼上、楼下调换上挂管理，使火腿发酵鲜化一致。端午节后要适时开窗，保持火腿干燥结实，防止火腿回潮。发酵阶段室温应控制在月均 13 ~ 16 ℃、相对湿度 72% ~ 80%。日常管理工作中应注意观察火腿的失水、风干和霉菌生长情况，根据气候变化，通过开关门窗、生火升湿来控制库房温、湿度，创造火腿发酵鲜化的最佳环境条件，火腿发酵基本成熟后（大腿一般要到中秋节），仍应加强日常发酵管理工作，直到火腿调出时方能结束。

五、西式火腿的加工

西式火腿大都是用大块肉经整形修割（剔去骨、皮、脂肪和结缔组织），再盐水注射腌制、嫩化、滚揉、充填，再经熟制、烟熏（或不烟熏）、冷却等工艺制成的熟肉制品。加工过程只需 2 天，成品水分含量高、嫩度好。西式火腿种类繁多，虽加工工艺各有不同，但其腌制都是以食盐为主要原料，而加工中其他调味料用量甚少，故又称之为盐水火腿。由于其选料精良，加工工艺科学合理，采用低温巴氏杀菌，故可以保持原料肉的鲜香味，产品组织细嫩，色泽均匀鲜艳，口感良好。

1. 工艺流程

选料及修整→盐水配制及注射→滚揉按摩→充填→蒸煮与冷却→成品

2. 操作要点

（1）原料肉的选择及修整。用于生产火腿的原料肉原则上仅选猪的臀腿肉和背腰肉，猪的前腿部位肉品质稍差。若选用热鲜肉作为原料，需将热鲜肉充分冷却，使肉的中心温度降至 0 ~ 4 ℃。如选用冷冻肉，宜在 0 ~ 4 ℃冷库内进行解冻。

选好的原料肉经修整，去除皮、骨、结缔组织膜、脂肪和筋腱，使其成为纯精肉，然后按肌纤维方向将原料肉切成不小于 300 g 的大块。修整时应注意，尽可能少地破坏肌肉的纤维组织，刀痕不能划得太大、太深，并尽量保持肌肉的自然生长块型。

PSE 肉保水性差，加工过程中的水分流失大，不能作为火腿的原料；DFD 肉虽然保水性好，但 pH 高，微生物稳定性差，且有异味，也不能作为火腿的原料。

（2）盐水配制及注射。注射腌制所用的盐水，其主要组成成分包括食盐、亚硝酸钠、糖、磷酸盐、抗坏血酸钠及防腐剂、香辛料、调味料等。按照配方要求将上述添加剂用 0 ~ 4 ℃的软化水充分溶解，并过滤，配制成注射盐水。

（3）滚揉按摩。将经过盐水注射的肌肉放置在一个旋转的鼓状容器中，或者放置在带有垂直搅拌桨的容器内进行处理的过程称之为滚揉或按摩。

滚揉的方式一般分为间歇滚揉和连续滚揉两种。连续滚揉多为集中滚揉两次，首先滚揉 1.5 h 左右，停机腌制 16 ~ 24 h，然后再滚揉 0.5 h 左右。间歇滚揉一般采用每小时滚揉 5 ~ 20 min，停机 40 ~ 55 min，连续进行 16 ~ 24 h 的操作。

（4）充填。滚揉以后的肉料，通过真空火腿压模机将肉料压入模具中成型。一般充填压模成型要抽真空，其目的在于避免肉料内有气泡，造成蒸煮时损失或产品切片时出现气孔现象。火腿压模成型，一般包括塑料膜压膜成型和人造肠衣成型两类。人造肠衣成型是将肉料用充填机灌入人造肠衣内，用手工或机器封口，再经熟制成型。塑料膜压模成型是将肉料充入塑料膜内再装入模具内，压上盖，蒸煮成型，冷却后脱膜，再包装而成。

（5）蒸煮与冷却。火腿的加热方式一般有水煮和蒸汽加热两种方式。金属模具火腿多用水煮办法加热，充入肠衣内的火腿多在全自动烟熏室内完成熟制。为了保持火腿的颜色、风味、组织形态和切片性能，火腿的熟制和热杀菌过程一般采用低温巴氏杀菌法，即火腿中心温度达到 68~72 ℃即可。若肉的卫生品质偏低时，温度可稍高，以不超过 80℃ 为宜。

蒸煮后的火腿应立即进行冷却。采用水浴蒸煮法加热的产品，是将蒸煮篮重新吊起放置于冷却槽中用流动水冷却，冷却到中心温度为 40 ℃ 以下；用全自动烟熏室进行煮制后，可用喷淋冷却水冷却，水温要求 10~12 ℃，冷却至产品中心温度为 27 ℃ 左右，送入 0~7 ℃ 冷却间内冷却到产品中心温度至 1~7 ℃，再脱模进行包装即为成品。

实训四　四川腊肉加工技术

【目的要求】

通过实训，使学生熟悉腌腊肉制品的加工方法，掌握腊肉的加工操作要领。

【材料用具】

1. 原料：去骨五花肉。

2. 用具：切肉刀、线绳、案板、盆、烘烤和熏烟设备、真空包装机、秤等。

3. 原料配方：鲜猪肉 100 kg，盐 7~8 kg，花椒 0.1 kg，白酒 0.15 kg，白糖 1 kg，硝酸钠 0.05 kg，混合香料 0.15 kg（混合香料由桂皮 3 kg、八角 1 kg、荜拨 3 kg、甘草 3 kg 碾碎而成）。

【方法步骤】

1. **原料选择**

选用经兽医检验合格的鲜猪肉。

2. **制作过程**

（1）整修：将鲜猪肉除尽猪毛，剔去骨头，按规格尺度割成长方形块。

（2）腌制：先将盐、硝和其他配料拌匀，然后将拌匀的配料擦揉在肉和肉皮上，再将肉块放入缸内或池内，放时要皮面向下、肉面向上，最后一层皮面向上、肉面向下。码放整齐，以装满为度，并将剩余配料撒在缸面或池面上层。腌 3~4 d，翻缸一次，翻缸后再腌 3~4 d。冬至后立春前因气候较冷，腌的时间可延长 1 d。立春后气候稍暖，盐分容易腌入肉内，故腌的时间可缩短 1 d。待配料渗入肉内后即可出缸。出缸的肉要用清水洗净皮肉上的白沫，然后用刀尖在肉块上端刺一小孔并用麻绳结套拴扣，挂在竹竿上放在通风的地方，晾干水气后即可送入烘烤。

（3）烘烤：烘烤时连竹竿一起送入烘房，由上层至下层，由里面到外面，一竿一竿地挂好，竿与竿之间、肉与肉之间均需保持一定距离。然后升火烘烤，开始火力要稍低，掌握在 40 ℃ 左右，经过 4~5 h 后再逐渐升温，但最高不超过 55 ℃，否则肉会被烤糊或流油，烤至 12 h，肉皮呈现黄色时，即行歇火进行翻坑，将上层移下、下层移上，再进行烘烤，但温度要降低。整个烘烤过程约需 40~48 h，待皮色已干硬，瘦肉内部呈鲜红色，肥肉透明或呈乳白色时，即已烤好，连同竹竿一起从烘房中取出，挂于通风处散热后进行包装。

3. 质量标准

长方形，带皮去骨，每块长 27～36 cm、宽 3.3～5 cm、重 500～750 g，颜色金黄，咸度适中，肥膘透明或乳白，具有腊香味。

【实训作业】

对照腊肉成品的标准进行评定，并写出实训报告。

思 考 题

1. 试述腌腊制品的种类及其特点。
2. 肉类腌制的方法有哪些？
3. 腌腊制品加工中的关键技术是什么？
4. 试述咸肉和腊肉加工的异同点。
5. 试述中式火腿和西式火腿加工的异同点。
6. 试述南京板鸭加工工艺及操作要点。

项目六 肠类制品加工

【知识目标】 了解各类香肠及原辅料的作用及使用方法。
【技能目标】 掌握香肠加工方法。
【素质目标】 培养学生解决香肠加工中出现的各种问题的能力。

任务一 肠类制品加工要点

肠类制品现泛指以鲜（冻）畜禽、鱼肉为原料，经腌制或未经腌制，切碎成丁或绞碎成颗粒，或斩拌乳化成肉糜，再混合添加各种调味料、香辛料、黏着剂，充填入天然肠衣或人造肠衣中，经烘烤、烟熏、蒸煮、冷却或发酵等工序制成的肉制品。

一、选料

供肠类制品用的原料肉，应来自健康牲畜，经兽医检验合格的，质量良好、新鲜的肉。凡是热鲜肉、冷却肉或解冻肉都可以用来生产肠类制品。

猪肉用瘦肉作肉糜、肉块或肉丁，而肥膘则切成肥膘丁或肥膘颗粒，按照不同配方标准加入瘦肉中，组成肉馅。而牛肉则使用瘦肉，不用脂肪。因此，肠类制品中加入一定数量的牛肉，可以提高肉馅的黏着力和保水性，使肉馅色泽美观，增加弹性。某些肠类制品还应用各种屠宰产品，如肉屑、肉头、食道、肝、脑、舌、心和胃等。

二、腌制

一般认为，在原料中加入 2.5% 的食盐和硝酸钠 25 g，基本能适合人们的口味，并且具有一定的保水性和贮藏性。

将细切后的小块瘦肉和脂肪块或膘丁摊在案板上，撒上食盐用手搅拌，务求均匀。然后装入高边的不锈钢盘或无毒、无色的食用塑料盘内，送入 0 ℃ 左右的冷库内进行干腌。腌制时间一般为 2 ~ 3 d。

三、绞肉

绞肉是指用绞肉机将肉或脂肪切碎。在进行绞肉操作之前，应检查金属筛板和刀刃部是否吻合。检查结束后，要清洗绞肉机。在用绞肉机绞肉时肉温应不高于 10 ℃。通过绞肉工序，原料肉被绞成细肉馅。

四、斩拌

将绞碎的原料肉置于斩拌机的料盘内，剁至糊浆状称为斩拌。绞碎的原料肉通过斩拌机的斩拌。目的是为了使肉馅均匀混合或提高肉的黏着性，增加肉馅的保水性和出品率，减少油腻感，提高嫩度；改善肉的结构状况，使瘦肉和肥肉充分拌匀，结合得更牢固；提高制品的弹性，烘烤时不易"起油"。在斩拌机和刀具检查清洗之后，即可进入斩拌操作。首先将瘦肉放入斩拌机中，注意肉不要集中于一处，宜全面辅开，然后启动搅拌机。斩拌时加水量，一般为每 50 kg 原料加水 1.5 ~ 2 kg，夏季用冰屑水，斩拌 3 min 后把调制好的辅料徐徐加入肉馅中，再继续斩拌 1 ~ 2 min，便可出馅。最后添加脂肪。肉和脂肪混合均匀后，应迅速取出。斩拌总时间约 5 ~ 6 min。

五、搅拌

搅拌的目的是使原料和辅料充分结合，使斩拌后的肉馅继续通过机械搅动达到最佳乳化效果。操作前要认真清洗搅拌机叶片和搅拌槽。搅拌操作程序是先投入瘦肉，接着添加调味料和香辛料。添加时，要洒到叶片的中央部位，靠叶片从内侧向外侧的旋转作用，使其在肉中分布均匀。一般搅拌 5 ~ 10 min。

六、充填

充填主要是将制好的肉馅装入肠衣或容器内，成为定型的肠类制品。这项工作包括肠衣选择、肠类制品机械的操作、结轧串竿等。充填操作时应注意：肉馅装入灌筒要紧要实；手握肠衣要轻松，灵活掌握；捆绑灌制品要结紧结牢，不使其松散；防止产生气泡。

七、烘烤

烘烤的作用是使肉馅的水分再蒸发掉一部分，使肠衣干燥，紧贴肉馅，并和肉馅黏合在一起，防止或减少蒸煮时肠衣的破裂。另外，烘干的肠衣容易着色，且色调均匀。烘烤温度为65～70 ℃，一般烘烤40 min即可。目前采用的有木柴火明、煤气、蒸汽、远红外线等烘烤方法。

八、煮制

肠类制品煮制一般用方锅，锅内铺设蒸汽管，锅的大小根据产量而定。煮制时先在锅内加水至锅的容量的80%左右，随即加热至90～95 ℃。如放入红曲，加以拌和后，关闭气阀，保持水温80 ℃左右，将肠制品一杆一杆的放入锅内，排列整齐。煮制的时间因品种而异。如小红肠，一般需10～20 min，其中心温度72 ℃时，证明已煮熟。熟后的肠制品出锅后，用自来水喷淋掉制品上的杂物，待其冷却后再烟熏。

九、熏制

熏制主要是赋予肠类制品以熏烟的特殊风味，增强制品的色泽，并通过脱水作用和熏烟成分的杀菌作用增强制品的贮藏性。传统的烟熏方法是燃烧木头或锯木屑，烟熏时间依产品的规格质量要求而定。目前，许多国家采用烟熏液处理来代替烟熏工艺。

任务二　肠类制品加工

一、卤味香肠的加工工艺

将中式的风味与香肠结合，用老卤代替冰水溶解辅料，灌装后用老卤卤制代替蒸煮工艺，既实现了规模化生产，又保持了接近传统卤肉制品的独特风味。

1. 工艺流程

老卤制备→配料

↓

原料→解冻→绞肉→搅拌→灌肠→熟制→干燥→冷却→真空包装→杀菌、入库

2. 加工要点

（1）原料选择。选择新鲜或冷冻肉，要求无碎骨、伤肉、淤血、淋巴结、脓包等。原料肉来自非疫区，经宰前检疫和宰后检验，符合食用标准且有检疫合格证明。冷冻肉结冻良好，储藏时间半年以下；新鲜肉经预冷排酸，肉质新鲜，无杂质，无污染。

① 原料：猪肉（2#肉或4#肉、3∶7肉）。

② 辅料：

香辛料：八角、桂皮、花椒、山奈、香叶、丁香、白芷、草果、葱、姜。

调味料：盐、糖、味精、料酒、老抽。

其他：玉米淀粉、分离蛋白、卡拉胶、亚硝酸盐、红曲红、复合磷酸盐。

（2）解冻。肉制品常用的解冻方法有水解冻和空气自然解冻。水解冻时，首先将解冻

池用洁净水冲洗干净；将池内放入适量水，将肉块除去外包装放入池内，肉块应全部浸入水中；拆去的包装物等应及时清出工作场地；根据季节调整进排水量，使解冻池内的水温控制在 10 ℃ 左右，解冻至肉块内部微有冰晶时即可进行分割修整。解冻后的原料放置时间一般不能超过 5 h（根据气候季节而定），应随时进行分割修整。自然解冻时，应注意控制环境温度在 15 ~ 18 ℃，保持较高的湿度和良好的卫生，肉中心温度达到 – 4 ~ 0 ℃ 时终止解冻，时间控制在 20 ~ 24 h。

采取空气自然解冻，这种方法较其他解冻方式所用的时间长，但汁液流出量少，肉色及滋味变化不明显。之后再用自来水清洗干净，剔除脂肪，修去板筋、淋巴、筋膜及软骨。

（3）绞肉。将解冻后的 2# 肉或 4# 肉分割成合适大小的肉块，用 8 mm 孔板绞肉；3:7 肉用 3 mm 孔板绞肉，环境温度控制在 12 ℃ 以下。

（4）搅拌、腌制。准确按配方称量所需辅料，将老卤汁过滤后冷藏待用。先将腌制好的肉料倒入搅拌机里，搅拌 20 min，充分提取肉中的盐溶蛋白，然后按先后顺序添加食盐、白糖、味精、香辛料、料酒等辅料和一半的卤水，充分搅拌成黏稠的肉馅，最后加入玉米淀粉，剩余的卤水充分搅拌均匀，搅拌至发黏、发亮。在整个搅拌过程中，肉馅的温度要始终控制在 10 ℃ 以下。搅拌好的馅料送入 0 ~ 4 ℃ 腌制间腌制 24 h。

（5）灌装。准备好需用的灌装材料，做好灌装前准备。选用 38 ~ 40 mm 规格的猪肠衣灌装，根据产品要求扭节后，摆杆、上架，注意产品摆放均匀；半成品在灌装工序停留时间不得超过 1 h。

由于香肠含有一定的分离蛋白和淀粉，在卤制过程中会吸水膨胀，容易破裂。因此，必须选择比一般肠衣略厚的动物肠衣灌装。

（6）熟制。在锅中加入清水，再加入筒子骨和鸡骨熬制成白汤，完全煮烂后捞出骨头和残渣，加入香辛料熬煮 2 h，最后加入盐、糖、味精等调味料，将老卤熬制好。先将半成品经 55 ℃ 烘烤 20 min 至肠体外表干燥再进行卤制。在卤制过程中保持卤水温度相对恒定，控制在 70 ~ 85 ℃。为了增加卤味香肠的底味，可以适度添加一些具有肉香味的高档骨膏类产品在卤汁里。为了使卤味香肠色泽更加自然，可以在卤制过程中使用既是香辛料又含有天然色素的黄栀子、姜黄、红辣椒等进行着色。卤制 120 min 即可出锅。

卤水最好当天熬制冷却后使用，未用完的卤水经充分冷却后及时送入冷库贮存，并必须用防护罩将卤水进行防护，注意卤水不能保存太久，储存 3 d 时间以内的卤水可以直接使用。超过 3 d 必须重新进行熬制，严禁直接使用。由于卤汁中含有一定的盐分，因此在配方设计时必须考虑到这部分盐分，在加盐的过程中将卤汁中的盐分减去。

（7）干燥、冷却。出锅后再 55 ℃ 烘烤 30 min，在通风处冷却至室温。产品温度接近室温时立即进入预冷室预冷，预冷室的空气需用清洁的空气机强制冷却，预冷温度要求 0 ~ 4 ℃，冷却至香肠中心温度在 10 ℃ 以下。

（8）包装、杀菌、入库。产品散热达到要求以后，真空包装，90 ± 2 ℃ 杀菌 45 min；冷却后贴标入库，置于 0 ~ 4 ℃ 库中冷藏。

【附】

1. 卤汁配方：

八角 10 g、草果 15 g、三奈 15 g、小茴香 5 g、甘草 15 g、花椒 15 g、陈皮 15 g、桂皮 20 g、干辣椒 30 g、丁香 2 g、罗汉果 10 g、草果 20 g、盐 200 g、冰糖 450 g、酱油 200 g、料酒鸡

精 100 g、水 10 kg。

2．香肠配方：

2# 或 4# 肉 2 kg、3：7 肉 500 g、盐 45 g、糖 60 g、味精 10 g、五香粉 10 g、蒜粉 2 g、白胡椒粉 2 g、辣椒粉 5 g、肉果粉 2 g、分离蛋白 50 g、变性淀粉 100 g、卡拉胶 12 g、复合磷酸盐 8 g、异抗坏血酸钠 5 g、红曲红 0.4 g、亚硝酸钠 0.1 g、料酒 20 g、卤汁 800 g、酱油 50 g。

二、果脯香肠的制作工艺

1．工艺流程

原料准备、配料选择→切肉→拌料→灌肠→烘烤→风干→贮存

2．加工要点

（1）配方：猪肉 100 kg，其中瘦肉占 60% ~ 70%，肥肉占 40% ~ 30%；冬瓜蜜饯 3 kg，金丝蜜枣 3 kg，桔饼 3 kg，曲酒 2.5 kg，盐 2.8 kg，白砂糖 4 kg，亚硝酸钠 10 g，维生素 C 10 g。

（2）选料。猪肉选后腿臀部肌肉和前腿夹心肉及背膘；果脯选色泽正常、无虫、无霉变者。

（3）切肉。为了使果脯味在肉中渗透均匀，瘦肉应切成 0.5 cm³ 的小颗粒，肥肉则切成 1 cm³ 的颗粒。

（4）拌料。拌料前，先将果脯切成小颗粒并用乳钵擂捣成泥状。然后将切好的肉置于盆中，再倒入凉开水（不得超过肉量的 5%）和泥状果脯以及其他辅料，充分拌匀。

（5）灌肠。先将肠衣用热水湿透、洗净，再将拌好的料通过机械或手工灌入肠内，使肠饱满，每灌到 15 cm 长左右时用绳扎紧卡节，随后用细针将肠衣插孔，排出空气，以免肠体表面出现坑，然后用 30 ℃ 温水漂洗，除去表面的污油。

（6）烘烤。将膘洗后的香肠挂在竹竿上，先晾干表面水分，然后进行烘烤烟熏或晾晒。烘烤烟熏时以 50 ~ 60 ℃ 为宜，温度过高会使脂肪融化，出现空隙，污染香肠表面，降低了品质；温度过低，既不利于干燥，且易引起发酸变质。同时应注意需经常翻动，使水分蒸发均匀，晾晒时不得与雾接触。

（7）风干。将烤好的果脯香肠悬挂于凉爽通风处，风干至肠体干燥，手摸有坚挺感觉时即为成品。风干通常需 3 ~ 5 d。

（8）贮存。将成品悬挂在阴凉干燥处，可存放 3 ~ 5 个月不会变质。

三、烟熏香肠的制作工艺

1．工艺流程

原料肉→盐渍→绞肉→斩拌→充填→烟熏→蒸煮→冷却→包装

实际操作时，也有将烟熏和蒸煮的顺序颠倒进行的。

2．加工要点

（1）原料肉的选择与修整。选择兽医卫生检验合格的可食用动物瘦肉及内脏作原料，肥肉只能用猪的脂肪。瘦肉要除去骨、筋腱、肌膜、淋巴血管、病变及损伤部位。

（2）低温腌制。将选好的肉类根据加工要求切成一定大小的肉块，按比例添加配好的混

合盐进行腌制。混合盐以食盐为主，加入一定比例的亚硝酸盐、抗坏血酸或异抗坏血酸。通常盐占原料肉重的 2% ~ 3%，亚硝酸盐占 0.025% ~ 0.05%，抗坏血酸约占 0.03% ~ 0.05%。腌制温度一般在 10 ℃ 以下，最好是 4 ℃ 左右，腌制 1 ~ 3 d，腌制作用是调节口味，改善产品的组织状态，促进发色效果。

（3）绞肉或斩拌。腌制好的肉可用绞肉机绞碎或用斩拌机斩拌。为了使肌肉纤维蛋白形成凝胶和溶胶状态，使脂肪均匀分布在蛋白质的水化系统中，提高肉馅的黏度和弹性，通常要用斩拌机对肉进行斩拌。原料经过斩拌后，激活了肌原纤维蛋白，使之结构改变，减少表面油脂， 使成品具有鲜嫩细腻、极易消化吸收的特点，出品率也大大提高。斩拌时肉吸水膨润，形成富有弹性的肉糜，因此斩拌时需加冰水，加入量为原料的 30% ~ 40%，斩拌时投料顺序是：牛肉→猪肉（先瘦后肥）→其他肉类→冰水→调料等。斩拌时间不宜过长，一般以 10 ~ 20 min 为宜。斩拌温度最高不宜超过 10 ℃。

（4）配料与制馅。在斩拌后，通常把所有调料加入斩拌机内进行斩拌直到均匀。

（5）灌制与填充。将斩拌好的肉馅移入灌肠机内灌制和填充。灌制时必须掌握均匀，过松易使空气渗入而变质，过紧则在煮制时可能破损。如不是真空连续灌制，应及时针刺放气。灌好的湿肠按要求打结后悬挂在烘烤架上，用清水冲去表面的油污，然后送入烘烤房进行烘烤。

（6）烘烤。烘烤的目的是使肠衣表面干燥，增加肠衣的机械强度和稳定性；使肉馅色泽变红；去除肠衣的异味。烘烤在温度 65 ~ 80 ℃ 下维持 1 h 左右，使肠的中心温度达到 55 ~ 65 ℃。烘好的灌肠表面干燥光滑，无油流，肠衣半透明，肉色红润。

（7）蒸煮。水煮优于汽蒸，前者质量损失少，表面无皱纹，后者操作方便，节省能源，破损率低。水煮时，先将水加热至 90 ~ 95 ℃，把烘烤后的肠下锅，保持水温 78 ~ 80 ℃，直到肉馅中心温度达到 70 ~ 72 ℃ 时为止。感官鉴定方法是以手轻捏肠体，挺直有弹性，肉馅切面平滑有光泽者表示煮熟。汽蒸时，只待肠的中心温度达到 72 ~ 75 ℃ 时即可。蒸煮速度通常为 1 mm/min。例如肠的直径为 70 mm 时，则需要蒸煮 70 min。

（8）烟熏。烟熏可促进肠表面干燥、有光泽，形成特殊的烟熏色泽（茶褐色）；增强肠的韧性；使产品具有特殊的烟熏芳香味；提高防腐能力和耐储藏性。

（9）冷却储藏。未包装的灌肠吊挂存放，储存时间依种类和条件而定。湿肠含水量高，如在 8 ℃ 条件下，相对湿度 75% ~ 78% 时可悬挂 3 昼夜，在 20 ℃ 条件下只能悬挂 1 昼夜。水分含量不超过 30% 的灌肠，当温度为 12 ℃、相对湿度为 72% 时，可悬挂存放 25 ~ 30 d。

合格成品具有下列特征：肠衣干燥完整，与肉馅密切结合，内容物坚实有弹性，表面有散布均匀的核桃式皱，长短一致，精细均匀，切面平滑光亮。

实训五　香肠制品的加工

【目的要求】

通过本实训，了解肠类加工设备的使用方法，使学生掌握灌肠加工的基本方法。

【材料用具】

1. 材料：肉、辅料、肠衣。

2. 用具：天平、台秤、夹层锅、操作台、切肉丁机、搅拌机、绞肉机、斩拌机、烘烤设备、灌肠机、烟熏炉、直空包装机。

【方法步骤】

1. 香肠的制作

工艺流程：原材料的选择及处理→拌料→灌制→漂洗→日晒、烘烤→成熟。

（1）原材料的选择及处理（切丁）

① 猪肉：以新鲜猪后腿肉为主，夹心肉次之（冷冻肉不用）；肉膘以背膘为主，腿膘次之；剥皮剔骨，去除结缔组织，用切肉丁机切成小于 $1\,cm^3$ 的肉丁，肥瘦肉分开放置，硬膘用温开水洗去浮油后沥干待用。

② 配料：瘦肉 80 kg（或 70 kg）、肥肉 20 kg（或 30 kg）、精盐 4 kg、白糖 5.5 kg、60 度曲酒 0.5 kg、五香粉 0.5 kg、葡萄糖 0.3 kg、味精 0.15 kg、V_C 0.1 kg。

③ 其他材料的准备：肠衣用新鲜猪或羊的小肠衣，干肠衣在用之前要用温水泡软洗净沥干（盐渍肠衣用自来水浸泡并洗净沥干），之后在肠衣一端打一死结待用，麻绳（或塑料绳）用于结扎香肠，一般加工 100 kg 原料用麻绳 1.5 kg。

（2）制作过程

① 拌料：将瘦肉、肥肉丁放在搅拌器中，开机搅拌均匀，将配料用少量温开水（50 ℃左右）溶解，加入肉丁中充分搅拌均匀，直至不出现黏结现象，静置片刻即可灌肠。

② 灌制：将上述配置好的肉馅用灌肠机灌入肠内，每灌 12～15 cm 时即可用麻绳结扎。待肠衣全部灌满后，用细针戳洞，以便于水分和空气外泄。

③ 漂洗：将灌好结扎后的湿肠放入温水中漂洗几次，洗去肠衣表面附着的浮油、盐汁等污着物。

④ 日晒烘烤：将水洗后的香肠分别挂在竹竿上，放到日光下晒 2～3 d。工厂生产的灌肠应进烘房烘烤，温度在 50～60 ℃（用炭火为佳），每烘烤 6 h 左右，应上下进行调头换尾，以使烘烤均匀，烘烤 48 h 后，香肠色泽红白分明，鲜明光亮，没有发白现象，即烘制完成。

⑤ 成熟：将日晒、烘烤后的香肠放到通风良好的场所晾挂成熟，晾挂 30 d 左右，此时为最佳食用时期，成品率约为 60%，规格为每节 13.5 cm，直径 1.8～2.1 cm，色泽鲜明，瘦肉呈鲜红色或枣红色，肥膘呈乳白色，肉身干爽结实，有弹性，指压无明显凹痕，咸度适中，无肉腥味，略有甜味。

成品在 10 ℃下可贮藏 4 个月。

【附】 几种香肠的配料

1. 无硝广式腊肠配料：

猪后腿瘦肉 70 kg，白砂糖 8 kg，液体葡萄糖 2 kg，白膘丁 30 kg，白酱油 0.5 kg，60 度大曲酒 3 kg，精盐 3～3.4 kg。

2. 武汉腊肠配料：

瘦猪肉（绞碎）75 kg，汾酒 2.5 kg，白糖 4 kg，肥肉（切丁）30 kg，细盐 3 kg，生姜粉 0.3 kg，硝酸盐 50 g，味精 0.3 kg，白胡椒粉 0.2 kg。

3. 四川香肠配料：

瘦猪肉 80 kg，白糖 1 kg，花椒 0.1 kg，肥肉 20 kg，白酱油 3 kg，混合香料 0.15 kg，精盐 3 kg，白酒 1 kg。

2. 灌肠的加工

工艺流程：原料的整理、腌制→制馅→灌制→烘烤→煮制→熏烟。

（1）原料的整理、腌制

① 整理：生产灌肠的原料肉，应选择脂肪含量低、黏着力好的新鲜肉，要求剔去大小骨头以及结缔组织等，最后将瘦肉切成拳头大小的肉块，肥膘切成 1 cm³ 见方的膘丁，以备腌制。

② 配料：（其他见附表）猪瘦肉 75 kg、猪肥膘肉 19 kg、干淀粉 6～7 kg、精盐 3.5～4 kg，味精 50（50～200）g、蒜 0.2（0.2～1.0）kg、胡椒粉 150（100～200）g、硝酸钠 25（50）g 或亚硝酸钠 15 g。

③ 腌制：将肥、瘦肉分别按以上配比进行腌制。通常肥肉中无须添加硝酸钠，置于 10 ℃以下（最好）的冷库中腌制约 3 d 左右，肉块切面变成鲜红色且较坚实、有弹性、无黑心时腌制结束，脂肪坚硬，切面色泽一致即可。若采用亚硝酸钠，瘦肉切成 100 g 左右的肉块，腌制 1 d 即可。

（2）制作过程

① 制馅：

A. 绞碎：腌制后的肉块，需要用绞肉机绞碎，一般用 2～3 mm 孔径、粗眼的绞肉机绞碎。在绞肉时应注意，肉由于与机器摩擦会导致温度升高，尤其是在夏天温度会更高，必要时须进行冷却。

B. 斩拌：为把原料粉碎至肉浆状，使成品具有鲜嫩、细腻的特点，原料须经斩拌工序（大红肠、小红肠必须经斩拌工序）。斩拌时，通常先将瘦肉和部分肥肉剁碎至浆糊状，同时根据原料的干湿度和肉馅的黏性添加适量的水，一般每 100 kg 原料加水 30～40 kg，根据配料加入香料，淀粉须以清水调合、除去杂质后加入，最后将剩余的肥膘丁加入，斩拌时间一般为 5 min。为了避免肉的温度升高，斩拌时要向肉中加 7%～10% 的冰屑，冰屑数量包括在加水总量内，斩拌结束时的温度最好能保持在 8～10 ℃ 以下。

② 灌制：此工序与香肠灌制基本相同。灌制过程包括灌馅、捆扎和吊挂等工作。在装馅前应对肠衣进行质量检查。肠衣必须用清水冲洗，不得有漏气。灌制前将肠衣按规格要求剪断，用纱绳扎好一头，另一头套在灌肠机的管子上进行灌馅（直径 2～3 cm）。待灌满后，用手或扎绳机将肠衣顶端用纱绳结紧。对于口径大或质量差的肠衣，大多在灌肠半腰处加扎一道纱绳，并与肠衣顶端纱绳连结，以防肠子中断。灌好的肠子，须用小针戳孔放气。灌制时必须掌握松紧均匀，肠子过松会渗入空气而变质，过紧则肉馅膨胀会使肠衣破裂。每根灌肠上端结以约 10 cm 长的双道纱绳，悬挂于木棒上，待烘烤。吊挂的灌肠互相之间不要紧贴在一起，以防烘烤时受热不均。

③ 烘烤：为了使肠膜干燥、易着色及杀菌以延长保存时间，一般均要对灌肠进行烘烤，通常烘烤温度为 65～70 ℃，烘烤 40 min 左右，当表面干燥透明、肠馅显露淡红色即为烤好。

④ 煮制：煮制和染色同时进行，通常采用水煮，习惯上每 50 kg 样品需用水量约 150 kg。先使锅内水温达到 90～95 ℃，放入色素搅和均匀，随即将灌肠的半成品放入，然后保持水温 80～83 ℃，肠中心部温度要达到 72 ℃，保持恒温 35～40 min，出锅。煮熟的标志是：用手掐肠体感到硬挺、有弹性。灌肠的色泽：除了大红肠、小红肠是红色外，其他品种根据需

要而定。红色素按国家规定使用红曲米（即红米），一般是在煮灌肠的锅内随水放入红米粉，数量按需要而定。

⑤ 烟熏：为了增强贮藏性和特有的熏烟味，须采用烟熏工序。烟熏温度一般为 48～50 ℃，时间 6～8 h，使水分干燥到 50% 以下，此时，样品表面光滑，稍有细细的皱纹，即为烟熏成熟的成品。将灌肠拿出熏房自然冷却，擦去烟尘，即可食用。

成品一般在温度 15 ℃、湿度 75% 的库房里可保存 15～20 d，如在 −10 ℃ 的冷库中可以存放半年。

【附】　几种灌肠的配料

几种西式灌肠配料表

名称	瘦猪肉 重量 (kg)	瘦猪肉 规格 (筛板孔径) (mm)	肥猪肉 重量 (kg)	肥猪肉 规格 (cm³)	牛肉 重量 (kg)	牛肉 规格 (筛板孔径) (mm)	其他配料 (kg/50 kg 肉馅)	备注
里道斯（立陶宛）	15	2～3	10	1	15	2～3	淀粉 5，大蒜 0.15，黑胡椒粉 0.05，硝酸钠 0.025，精盐 1.75～2(腌制用)	
小红肠（维也纳）	—	—	12.5		27.5	—	淀粉 2.5，胡椒粉 0.095，玉果粉 0.065，硝酸钠 0.025，精盐 1.75(腌制用)	用 1.8～2.4 cm 口径羊肠衣灌制
大红肠	12.5	绞碎	6.5	绞碎	31	绞碎	淀粉 2，胡椒粉 0.095，玉果粉 0.065，大蒜 0.065，桂皮 0.015，硝酸钠 0.025，精盐 1.75(腌制用)	用牛拐头(盲肠)灌制
保大斯（波尔塔瓦）	17.5	2～3	12.5	0.7	20	2～3	淀粉 2.5，黑胡椒粉 0.05，大蒜 0.15，硝酸钠 0.05，精盐 1.75～2(腌制用)	用牛大肠衣或羊拐头灌制
鲜干肠（克拉科夫）	18	2～3	12	0.5	20	2～3	淀粉 2.5，白糖 0.065，玉果粉 0.03，胡椒粉 0.095，大蒜 0.095，硝酸钠 0.025，精盐 1.75(腌制用)	用 4～5 cm 口径牛大肠衣
熏干肠（莫斯科）	7.5	2～3	12.5	0.8	30	2～3	胡椒粉 0.075，胡椒粒 0.125，优质白酒 0.5，白糖 1，味精 0.1，硝酸钠 0.05，精盐 2.5(腌制用)	用牛大肠衣或洋布袋口径 7 cm，长 50 cm
沙西斯戈	32.5	1～2	10	1	7.5	1～2	淀粉 3，胡椒粉 0.07，桂皮 0.09，大蒜 0.05，味精 0.09，硝酸钠 0.05，精盐 1.75～2(腌制用)	用羊小肠衣灌制

几种中式（改良）灌肠配料表

名称	瘦猪肉		肥猪肉		其他配料	备注
	重量 (kg)	规格（筛板孔径）(mm)	重量 (kg)	规格 (cm³)	(kg/50 kg 肉馅)	
哈尔滨红肠	38	—	12	—	淀粉 3.0，味精 0.045，胡椒粉 0.045，大蒜 0.15，硝酸钠 0.025，精盐 1.75～2	
松汀肠	38.5	—	8.5	0.25～0.4	淀粉 2.0，味精 0.045，大蒜 0.05，胡椒粉 0.07，胡椒粒 0.07，桂皮粉 0.025，硝酸钠 0.05，精盐 1.75～2.0	用牛拐头罐制
一号茶肠	38.5	肉泥	8.5	0.8	淀粉 2.0，味精 0.09，胡椒粉 0.04，豆蔻粉 0.025，大蒜 0.35～0.40，硝酸钠 0.05，精盐 1.75～2.0	
小干肠（阿怀尼肠）	38.5	2～3	8.5	0.4～0.5	淀粉 2.0，味精 0.09，胡椒粉 0.09，桂皮粉 0.05，大蒜 0.075，白糖 0.25，硝酸钠 0.05，精盐 1.5～1.75	用羊小肠衣罐制
北京香雪肠	25	2	25	1	淀粉 7.5，味精 0.05，鲜姜 0.5，香雪酒 10，硝酸钠 0.025，精盐 2.0	
普通猪肉灌肠	30 20	粗粒 细粒	5	1	淀粉 2.5，味精 0.31，胡椒粉 0.062，五香粉 0.30，小茴香 0.31，白糖 1.25，大曲酒 0.25，硝酸钠 0.025，精盐 1.75	
沈阳长征肠	42.5	肉泥	5	绞碎	淀粉 2.5，胡椒粉 0.07，味精 0.1，大蒜 0.25，茴香 0.05，香油 0.25	

【实训作业】

总结香肠和灌肠加工的操作要点，对产品进行感官评定（包括色、香、味、形、嫩度等），并计算其成品率，对实训结果进行分析、讨论，写出实训报告。

思 考 题

1. 试述肠制品的概念和种类。
2. 简述香肠和灌肠的主要区别。
3. 试述中式香肠的加工工艺及质量控制。
4. 试述熟制灌肠加工的基本工艺及质量控制。
5. 试述南京香肚的加工工艺及操作要点。

项目七   酱卤制品加工

【知识目标】 了解酱卤制品加工的基本原理，理解其调味与煮制方法，掌握酱卤制品加工工艺。

【技能目标】 能够熟练进行酱卤制品的调味与煮制，合理进行加工生产。

【素质目标】 培养学生解决酱卤制品加工中出现的各种问题的能力。

任务一   调味和煮制

在水中加食盐或酱油等调味料以及香辛料，经煮制而成的一类熟肉类制品，称为酱卤制品。

酱卤制品是我国传统的一类肉制品，其主要特点是成品都是熟的，可以直接食用，产品酥润，有的带有卤汁，不易包装和贮藏，适合就地生产、就地供应。酱卤制品突出调味与香辛料以及肉的本身香气，食之肥而不腻，瘦不塞牙。酱卤制品随地区不同，在风味上有甜、咸之别。北方式的酱卤制品咸味重，如符离集烧鸡；南方制品则味甜、咸味轻，如苏州酱汁肉。由于季节不同，制品风味也不同，夏天口重，冬天口轻。

酱卤制品的加工方法主要有两个过程：一是调味，二是煮制（酱制）。

一、调味

调味就是根据不同品种、不同口味加入不同种类或数量的调料，加工成具有特定风味的产品。如南方人喜甜则在制品中多加一些糖，北方人吃得咸则多加一些盐，广州人注重醇香味则多放一些酒。

调味是制作酱卤制品的关键。必须严格掌握调料的种类、数量以及投放的时间。根据加入调料的作用和时间大致分为基本调味、定性调味和辅助调味等三种。

基本调味：在原料整理后未加热前，用盐、酱油或其他辅料进行腌制，以奠定产品的咸味，叫基本调味。

定性调味：原料下锅加热时，随同加入辅料如酱油、酒、香辛料等，以决定产品的风味，叫定性调味。

辅助调味：原料加热煮熟后或即将出锅时加入糖、味精等，以增加产品的色泽、鲜味，叫辅助调味。

二、煮制

煮制是酱卤制品加工中主要的工艺环节，其对原料肉实行热加工的过程中，使肌肉收缩变形，降低肉的硬度，改变肉的色泽，提高肉的风味，达到熟制的作用。加热的方式有水、蒸汽、油等，通常多采用水加热煮制。

（一）煮制方法

在酱卤制品加工中，煮制方法包括清煮和红烧。

清煮又称预煮、白煮、白锅等。其方法是将整理后的原料肉投入沸水中，不加任何调料，用较多的清水进行煮制。清煮在红烧前进行，主要目的是去掉肉中的血水和肉本身的腥味或气味。清煮的时间因原料肉的形态和性质不同而不同，一般为 15～40 min。清煮后的肉汤称为白汤，清煮猪肉的白汤可作为红烧时的汤汁基础再使用，但清煮牛肉及内脏的白汤一般不再使用。

红烧又称红锅。其方法是将清煮后的肉放入加有各种调味料、香辛料的汤汁中进行烧煮，是酱卤制品加工的关键性工序。红烧不仅可以使制品加热至熟，更重要的是使产品的色、香、味及产品的化学成分有较大的改变。红烧的时间随产品和肉质不同而异，一般为 1～4 h。红烧后剩余之汤汁叫老汤或红汤，要妥善保存，待以后继续使用。制品加入老汤进行红烧风味更佳。

另外，油炸也是某些酱卤制品的制作工序，如烧鸡等。油炸的目的是使制品色泽金黄，肉质酥软油润，还可使原料肉蛋白质凝固，排除多余的水分，使肉质紧密、定型，在酱制时不易变形。油炸的时间一般为 5～15 min。多数在红烧之前进行。但有的制品则经过清煮、红烧后再进行油炸，如北京盛月斋烧羊肉等。

（二）煮制火力

在煮制过程中，根据火焰的大小强弱和锅内汤汁情况，可分为大火、中火、小火三种。

大火又称旺火、急火等，大火的火焰高强而稳定，使锅内汤汁剧烈沸腾。

中火又称温火、文火等，火焰较低弱而摇晃，锅内汤汁沸腾，但不强烈。

小火又称微火，火焰很弱而摇晃不定，锅内汤汁微沸或缓缓冒气。

火力的运用，对酱卤制品的风味及质量有一定的影响，除个别品种外，一般煮制初期用大火，中后期用中火和小火。大火烧煮的时间通常较短，其主要作用是尽快将汤汁烧沸，使原料初步煮熟。中火和小火烧煮的时间一般比较长，其作用可使肉品变得酥润可口，同时使配料渗入肉的深部。加热时火候和时间的掌握对肉制品质量有很大影响，需特别注意。

任务二　酱卤制品加工工艺

一、酱卤制品的种类

酱卤制品种类繁多，根据加入调料的种类与数量不同划分为七种：五香（或红烧）制品、酱汁制品、卤制品、蜜汁制品、糖醋制品、白煮制品、糟制品等。其中五香制品无论是在品种上还是在销量上都是最多的。

五香制品：又称酱制品，这类制品在制作中使用较多的酱油，同时加入了八角、桂皮、丁香、花椒、小茴香等五种香料，产品的特点是色深、味浓。

酱汁制品：是以酱制为基础，加入红曲米为着色剂，在肉制品煮制至即将干汤出锅时把熬好的糖汁刷在肉上。产品为樱桃红色，稍带甜味且酥润。

卤制品：是先调制好卤汁或加入陈卤，然后将原料肉放入卤汁中，开始用大火，煮沸后改用小火慢慢卤制。陈卤使用时间越长，香味和鲜味越浓。产品特点是酥烂、香味浓郁。

蜜汁制品：在制作中加入多量的糖分和红曲米水，产品多为红色，表面发亮，色浓味甜，鲜香可口。

糖醋制品：在辅料中加入糖和醋，产品具有甜酸的滋味。制品在白煮的过程中，只加盐不加其他辅料，也不用酱油，产品基本上仍是原料的本色。

糟制品：是在白煮的基础上，用"香糟"调味的一种冷食熟肉制品。

二、几种典型酱卤制品的加工工艺

酱卤制品因是我国的传统肉制品，所以全国各地生产的品种很多，形成了许多名特优产品。

（一）白煮肉类——南京盐水鸭

1. 产品特点

盐水鸭是南京有名的特产，久负盛名，至今已有一千多年的历史。此鸭皮白肉嫩、肥而不腻、香鲜味美，具有香、酥、嫩的特点。每年中秋前后的盐水鸭色味最佳，又因此时的盐水鸭是在桂花盛开的季节制作的，故又美其名曰"桂花鸭"。南京盐水鸭的加工制作不受季节的限制，一年四季都可加工。南京盐水鸭的特点是腌制期短，鸭皮洁白，食之肥而不腻，鸭肉清淡可口，肉质鲜嫩。

2. 工艺流程

宰杀→干腌→抠卤→复卤→煮制→成品

3. 工艺要点

（1）原料鸭的选择。盐水鸭的制作以秋季制作的最为有名，因为经过稻田催肥的当年仔鸭，长得膘肥肉壮，用这种仔鸭做成的盐水鸭，皮肤洁白，肌肉娇嫩，口味鲜美。桂花鸭都是选用当年仔鸭制作，饲养期一般在1个月左右，这种仔鸭制作的盐水鸭最为肥美、鲜嫩。

（2）宰杀。选用当年生肥鸭，宰杀、放血、拔毛后，切去两节翅膀和脚爪，在右翅下开口取出内脏，用清水把鸭体洗净。

（3）整理。将宰杀后的鸭放入清水中浸泡2h左右，以利浸出肉中残留的血液，使鸭皮表面洁白，提高产品质量。浸泡时，注意将鸭体腔内灌满水，并浸没在水面下；浸泡后将鸭取出，用手指插入肛门再拔出，以便排出体腔内的水分；再把鸭挂起沥水约1h；取晾干的鸭放在案子上，用力向下压，将肋骨和三叉骨压脱位，将胸部压扁，这时鸭呈扁而长的形状，外观显得肥大而美观，并能在腌制时节省空间。

（4）干腌。干腌要用炒盐。将食盐与茴香按100:6的比例在锅中炒制，炒至出现大茴香之香味时即成炒盐。炒盐要保存好，防止回潮。

按6%～6.5%的盐量准备炒盐，其中3/4从右翅开口处放入腹腔，然后把鸭体反复翻转，使盐均匀布满整个腔体；剩下的1/4用于鸭体表腌制，重点擦抹在大腿、胸部、颈部开口处，擦盐后叠入缸中，叠放时使鸭腹向上、背向下，头向缸中心、尾向周边，逐层盘叠。气温高低决定干腌的时间，一般为2h左右。

（5）抠卤。干腌后的鸭子，鸭体中有血水渗出，此时提起鸭子，用手指插入鸭子的肛门，使血卤水排出。随后把鸭叠入另一只缸中，待 2 h 后再一次抠卤，接着再进行复卤。

（6）复卤。复卤的盐卤有新卤和老卤之分。新卤就是用抠卤血水加清水和盐配制而成，每 100 kg 水加食盐 25～30 kg、葱 75 g、生姜 50 g、大茴香 15 g，入锅煮沸后，冷却至室温即成新卤。100 kg 盐卤可每次复卤约 35 只鸭，每复卤一次要补加适量食盐，使盐浓度始终保持饱和状态。盐卤使用 5～6 次必须煮沸一次，撇除浮沫、杂物等，同时加盐或水调整浓度，加入香辛料。新卤在使用过程中经煮沸 2～3 次即为老卤，老卤越老越好。

复卤时，用手将鸭的右腋下切口撑开，使卤液灌满体腔，然后抓住双腿提起，头向下、尾向上，使卤液灌入食管通道。再次把鸭浸入卤液中并使卤液灌满体腔，最后用竹箅压住，使鸭体浸没在液面以下，不得浮出液面。复卤 2～4 h 即可出缸挂起。

（7）烘坯。腌后的鸭体沥干盐卤，逐只挂于架子上，推至烘房内，以除去水气，其温度为 40～50 ℃，时间约 20 min。烘干后，鸭体表色未变时即可取出散热。注意：煤炉烘烤时要通风，温度不宜过高，否则将影响盐水鸭的品质。

（8）上通。用直径 2 cm、长 10 cm 左右的中空竹管插入肛门，俗称"插通"或"上通"。再从开口处填入腹腔料、姜 2～3 片、八角 2 粒、葱一根，然后用开水浇淋鸭体表，使鸭子肌肉收缩，外皮绷紧，外形饱满。

（9）煮制。南京盐水鸭腌制期很短，几乎都是现作现卖、现买现吃。在煮制过程中，火候对盐水鸭的鲜嫩口味可以说相当重要，这是制作盐水鸭好坏的关键。一般制作要经过两次"抽丝"：在清水中加入适量的姜、葱、大茴香，待水烧开后停火，再将"上通"后的鸭子放入锅中，因为肛门有管子，右翅下有开口，汤水很快注入鸭腔，这时鸭腔内外的水温不平衡，应该马上提起左腿倒出汤水，再放入锅中，此时鸭腔内的水温还是低于锅中水温，再向锅中加入 1/6 总水量的冷水，使鸭体内外水温趋于平衡，然后盖好锅盖，再烧火加热，焖 15～20 min，等到水面出现一丝一丝波纹，即沸未沸（约 90 ℃）、可以"抽丝"时住火；停火后，第二次提腿倒汤，再向锅中加入少量冷水，再焖 10～15 min，之后再烧火加热，进行第二次"抽丝"，使水温始终维持在 85 ℃ 左右。两次"抽丝"后，才能打开锅盖看鸭子是否成熟，如大腿和胸部两旁肌肉手感绵软，并膨胀起来，说明鸭子已经煮熟。煮熟后的盐水鸭，必须等到冷却后切食。冷却后的盐水鸭脂肪凝结，肉汁不易流失，香味扑鼻，鲜嫩异常。

4. 食用方法

煮熟后的鸭子冷却切块后，取煮鸭的汤水适量，加入少量的食盐和味精，调制成最适口味，浇于鸭肉上即可食用。注意：必须将鸭子晾凉后再切，否则热切时肉汁容易流失，且肉块不成形。

（二）酱卤肉类——北京酱猪肉

1. 产品特点

北京酱猪肉的特点是热制冷吃，以色美、肉香、味醇、肥而不腻、瘦而不柴而见长。

2. 工艺流程

原料整理→焯水→清汤→码锅→酱制→出锅

3. 工艺要点

（1）原料的选择与整理。酱制猪肉，合理选择原料十分重要，应选用卫生检查合格、现行国家等级标准 2 级肉较为合适。要求：皮嫩膘薄，膘坦厚不超过 2 cm，以肘子、五花肉等部位为佳。如果原料不经选择，这样加工出来的酱肉质量就不会有保证。

酱制原料的整理加工是做好酱肉的重要一环，一般分为洗涤、分档、刀工等几道工序：

① 首先用喷灯把猪皮上残留的毛烧干净，然后用小刀刮净皮上焦糊的地方。

② 去掉肉上的排骨、杂骨、碎骨、淋巴结、淤血、杂污、板油及多余的肌肉、奶脯，最好选择五花肉，切成长 17 cm、宽 14 cm，厚度不超过 6 ~ 8 cm 的肉块，要求达到大小均匀。

③ 将准备好的原料肉放入有流动自来水的容器内，浸泡 4 h 左右，泡去一些血腥味，之后捞出并用硬刷子洗刷干净，以备入锅酱制。

（2）焯水。焯水是酱前预制的常用方法。目的是排除血污和腥、膻、臊等异味。所谓焯水就是将准备好的原料肉投入沸水锅内加热，煮至半熟或刚熟的操作。原料肉经过这样的处理后，再入酱锅酱制，其成品表面光洁，味道醇香，质量好，易保存。

操作时，把准备好的原料肉、盐和水同时放入铁锅内，烧开熬煮。水量一次要加足，不要中途加凉水，以免使原料肉受热不均匀而影响原料肉的水煮质量，一般控制在刚好淹没原料肉为好，控制好火力大小，以保持微沸状态，这样才能保持原料肉的鲜香和滋润度。可根据需要并视原料肉的老嫩，适时、有区别地从汤面沸腾处捞出原料肉（要一次性把原料肉同时放入锅内，不要边煮边捞，又边下料，这样会影响原料肉的鲜香味和色泽）。再把原料肉放入开水锅内煮 40 min 左右，不要盖锅盖，以便随时撇出浮沫。然后捞出原料肉放入容器内，用凉水洗净原料肉上的血沫和油脂，同时把原料肉分成肥瘦、软硬二种，以待码锅。

（3）清汤。待原料肉捞出后，再把锅内的汤过一次笊，去尽锅底和汤中的肉渣，并把汤面浮油用铁勺撇净。如果发现汤继续沸腾，可适当加入一些凉水，使其不再沸腾，直到把杂质、浮沫撇干净，观察汤成为微透明状的清汤即可。

（4）码锅。原料锅要刷洗干净，不得有杂质、油污，并放入 1.5 ~ 2 kg 的净水，以防干锅。用一个约 40 cm 直径的圆铁箅垫在锅底，然后再用 20 cm × 6 cm 的竹板（猪下巴骨、扇骨也可以）整齐码垫在铁箅上，应注意一定要码紧、码实，以防止开锅时沸腾的汤把原料肉冲散，再把用水冲干净的原料肉放在锅中心周围，注意码锅时不要使肉渣掉入锅底。再把处理好的清汤放入码好原料肉的锅内，并漫过肉面，不要中途加凉水，以免使原料肉受热不均匀。

（5）酱制：

① 配料：（以 50 kg 猪肉下料）花椒 100 g，大葱 500 g，大料 100 g，鲜姜 250 g，桂皮 150 g，盐 2.5 ~ 3 kg，小茴香 50 g，白砂糖 100 g。

可根据具体情况适当放一点香叶、砂仁、豆蔻、丁香等。然后将各种香辛料放入宽松的纱布袋内，扎紧袋口，不宜装得太满，以免香料遇水胀破纱袋，影响酱汁质量。大葱和鲜姜另装入一个料袋，因为大葱和鲜姜一般只使用一次。

② 糖色的加工：将一口小铁锅置于火上加热，放入少许油，使其在铁锅内分布均匀；再加入白砂糖，用铁勺不断推炒，将糖炒化，炒至泛大水泡后又逐渐变为小泡，此时，糖和油逐渐分离，糖汁开始变色，由白变黄，由黄变褐，待糖色变成浅黑色的时候，马上倒入适量的热水熬制一下，即为"糖色"。糖色的口感应是苦中略带一点甜，不可甜中带一点苦。

③ 酱制：码锅后，盖上锅盖，用旺火煮 2 ~ 3 h 左右，然后打开锅盖，适量放入糖色，使肉变成枣红色，以补救煮制中的成色不足。等到汤逐渐变浓时，改用中火焖煮 1 h，之后用手触摸肉块是否熟软，尤其是肉皮。观察捞出肉后的肉汤是否黏稠，汤面是否保留在原料

肉出锅前的三分之一处，达到以上标准即为半成品。

（6）出锅。达到半成品时应及时把中火改为小火，小火不能停，保持汤汁冒小泡，否则酱汁会出油。将出锅的酱肉块整齐地码放在盘子内，皮朝上；然后把锅内的竹板、铁箅、铁筒取出，使用微火继续熬制汤汁，并不停地搅拌，始终要保持汤汁内有小泡沫，直到汤汁变为黏稠状的酱汁。如果酱汁的颜色较浅，可再放入一些糖色搅拌，使酱汁达到栗色，此时赶快把熬好的酱汁从铁锅中倒出，放入洁净的容器中，继续用铁勺搅拌，使酱汁的温度降到 50 ~ 60 ℃ 时为止，再用炊帚尖部将酱汁点刷在酱肉上，晾凉即为成品。

如果熬制时没有老汤作底料，可用猪蹄、猪皮和酱肉同时酱制，并码放在原料肉的下层，可解决酱汁质量不好或酱汁不足的缺陷。

4．酱肉质量

长方形块状，栗子色，五香酱味，食之皮不发硬，瘦肉不塞牙，肥肉不腻口，味美清香，出品率 65%。冬季生产的成品，货架期为 48 h；夏季生产的成品放置冷藏柜内，货架期为 24 h。

（三）卤肉类——德州扒鸡

1．产品特点

扒鸡表皮光亮，色泽红润，皮肉红白分明，肉质肥嫩，松软而不酥烂，脯肉形若银丝，热时手提鸡骨抖一下，骨肉随即分离，香气扑鼻，味道鲜美，是山东德州的传统风味美食。

2．配料标准（按每锅 200 只鸡、重约 150 kg 计算）

大茴香 100 g，桂皮 125 g，肉蔻 50 g，草蔻 50 g，丁香 25 g，白芷 125 g，山萘 75 g，草果 50 g，陈皮 50 g，小茴香 100 g，砂仁 10 g，花椒 100 g，生姜 250 g，食盐 3.5 kg，酱油 4 kg，口蘑 600 g。

3．工艺流程

宰杀退毛→造型→上糖色→油炸→煮制→出锅

4．工艺要点

（1）宰杀退毛。选用 1 kg 左右的当地小公鸡或未下蛋的母鸡，颈部宰杀放血，用 70 ~ 80 ℃ 热水冲烫后去净羽毛；剥去脚爪上的老皮，在鸡腹下近肛门处横开 3.3 cm 的刀口，取出内脏、食管，割去肛门，用清水冲洗干净。

（2）造型。将光鸡放在冷水中浸泡，捞出后在工作台上整形，将鸡的左翅自脖子下刀口插入，使翅尖由嘴内侧伸出，别在鸡背上，鸡的右翅也别在鸡背上；再把两个大腿骨用刀背轻轻砸断并起交叉，将两爪塞入鸡腹内，形似猴子鸳鸯戏水的造型。造型后晾干水分。

（3）上糖色。将白糖炒成糖色，加水调好（或用蜂蜜加水调制），在造好型的鸡体上涂抹均匀。

（4）油炸。锅内放入花生油，在中火上烧至八成热时，将上色后的鸡体放入热油锅中，油炸 1 ~ 2 min，炸至鸡体呈金黄色、微光发亮即可。

（5）煮制。炸好的鸡体捞出，沥油，放在煮锅内层摆好，锅内放入清水（以没过鸡为度），加入药料包（用洁布包扎好）、拍松的生姜、精盐、口蘑、酱油，用箅子将鸡压住，防止鸡体在汤内浮动；先用旺火煮沸，小鸡 1 h，老鸡 1.5 ~ 2 h，之后改用微火焖煮，保持锅内温度 90 ~ 92 ℃ 微沸状态。煮鸡时间要根据不同季节和鸡的老嫩而定，一般小鸡焖煮 6 ~ 8 h，老鸡焖煮 8 ~ 10 h，即为煮好。煮鸡的原汤可留作下次煮鸡时继续使用，使鸡肉的香味更加醇厚。

（6）出锅。出锅时，先加热煮沸，取下石块和铁算子，一只手持铁钩勾住鸡脖处，另一只手拿笊篱，借助汤汁的浮力顺势将鸡捞出，力求保持鸡体完整；再用细毛刷清理鸡体，晾一会儿，即为成品。

（四）糟肉类——糟肉

1．产品特点

色泽红亮，软烂香甜，清凉鲜嫩，爽口沁胃，肥而不腻，糟香味浓郁。

2．配料标准（以 100 kg 原料肉计）

花椒 1.5 ~ 2 kg，陈年香糟 3 kg，上等绍酒 7 kg，高粱酒 500 g，五香粉 30 g，盐 1.7 kg，味精 100 g，上等酱油 500 g。

3．工艺流程

原料整理→白煮→配制糟卤→糟制→产品→包装

4．工艺要点

（1）选料。选用新鲜的皮薄又鲜嫩的方肉、腿肉或夹心（前腿）。方肉照肋骨横斩对半开，再顺肋骨直切成长 15 cm、宽 11 cm 的长方块，成为肉坯。若采用腿肉、夹心，亦切成同样规格。

（2）白煮。将整理好的肉坯倒入锅内烧煮。水要放到超过肉坯表面，用旺火烧，待肉汤将要烧开时，撇清浮沫，烧开后减小火力继续烧，直到骨头容易抽出来不粘肉为止。用尖筷和铲刀将肉出锅。肉出锅后一面拆骨，一面趁热在热的肉坯的两面敷盐。

（3）配制糟卤：

陈年香糟的制法：香糟 50 kg，用 1.5 ~ 2 kg 花椒加盐拌和后，置入瓮内扣好，用泥封口，待第二年使用，称为陈年香糟。

搅拌香糟：将陈年香糟 3 kg、五香粉 30 g、盐 500 g 放入容器内，先加入少许上等绍酒，用手搅拌，并边搅拌边徐徐加入绍酒（共 5 kg）和高粱酒 200 g，直到酒糟和酒完全拌合，没有结块为止，称为糟酒混合物。

制糟露：用白纱布罩于搪瓷桶上，四周用绳扎牢，中间凹下。在纱布上摊上表芯纸（表芯纸是一种具有极细孔洞的纸张，也可以用其他具有极细孔洞的纱布来代替）一张，把糟酒混合物倒在纱布上，加盖，使糟酒混合物通过表芯纸或纱布过滤，滤出的汁徐徐滴入桶内，称为糟露。

制糟卤：将白煮的白汤撇去浮油，用纱布过滤入容器内，加盐 1.2 kg、味精 100 g、上等绍酒 2 kg、高粱酒 300 g，拌和冷却。若白汤不够或汤太浓，可加一些凉开水，以保证 30 kg 左右的白汤为宜。将拌和配料的白汤倒入糟露内，拌和均匀，即为糟卤。用纱布结扎留在盛器盖子上的糟渣，待糟肉生产结束时，解下即可作为喂猪的上等饲料。

（4）糟制。将已经凉透的糟肉坯皮朝外，圈砌在盛有糟卤的容器内。盛放糟肉的容器须事先放入冰箱内，另外可将一个盛满冰块的容器置于糟肉中间以加速其冷却，直到糟卤凝结成冻状时为止。

（5）保管方法。糟肉的保管较为特殊，必须放在冰箱内保存，并且要做到以销定产，当日生产，现切再卖，若有剩余再放入冰箱，第二天洗净糟卤后放在白汤内重新烧开，然后再糟制。回汤糟肉原已有咸度，用盐量可酌减，制好后须重新冰冻，否则会失去其特殊风味。

（五）蜜汁肉类——上海蜜汁蹄膀

1. 产品特点

制品呈深樱桃红色，有光泽，肉嫩而烂，甜中带咸。

2. 配料标准（以猪蹄膀100 kg计）

白砂糖3 kg，盐2 kg，葱1 kg，姜2 kg，桂皮6~8块，小茴香200 g，黄酒2 kg，红曲米少量。

3. 工艺过程

（1）先将蹄膀刮洗干净，倒入沸水中余15min，捞出洗净血沫、杂质。

（2）先按每50 kg白汤加盐2 kg，将盐加入清水中烧开后备用。

（3）锅内先放配料，加入葱1 kg、姜2 kg、桂皮6~8块、小茴香200 g（装入袋内），再倒入蹄膀，将白汤加至与蹄膀高度持平；旺火烧开后，加黄酒2 kg，再烧开，将红曲粉汁均匀地浇在肉上，以使肉体呈现樱桃红色为准；转为中火，烧约45 min，加入冰糖或白砂糖，加盖再烧30 min，烧至汤发稠、肉为八成酥、骨能抽出不粘肉时出锅；将肉平放在盘中（不能叠放），抽出骨头。

实训六　五香牛肉

【目的要求】

通过实训，基本掌握酱卤制品的调味与煮制方法，初步掌握五香牛肉的加工技术。

【材料用具】

1. 原料：鲜牛肉。

2. 用具：刀、煮锅、盆、盘、秤、天平等。

【方法步骤】

1. 原料整理

去除较粗的筋腱或结缔组织，用25 ℃左右温水洗除牛肉表面的血液和杂物，按纤维纹路切成0.5 kg左右的肉块。

2. 制作过程

（1）腌制：将食盐洒在肉坯上，反复推擦，之后放入盆内腌制8~24 h（夏季时间略短）。腌制过程中需翻动多次，使肉变硬。

（2）预煮：将腌制好的肉坯用清水冲洗干净，放入水锅中，用旺火烧沸，注意撇除浮沫和杂物，约煮20 min左右，捞出牛肉块，放入清水中漂洗干净。

（3）烧煮。1 kg 五香牛肉的用料量为：食盐 20 g、酱油 25 g、白糖 13 g、白酒 6 g、味精 2 g、八角 5 g、桂皮 4 g、砂仁 2 g、丁香 1 g、花椒 1.5 g、红曲粉、花生油适量。

把腌制好并清洗过的牛肉块放入锅内，加入清水 0.75 kg，同时放入全部配料及红曲粉，用旺火煮沸，再改用小火焖煮 2～3 h 出锅。煮制过程中需翻锅 3～4 次。

（4）烹炸：将花生油温升高到 180 ℃左右，把烧煮好的牛肉块放入锅内烹炸 2～3 min 即为成品。烹炸后的五香牛肉有光泽，味道更香。

（5）成品：成品表面色泽酱红，油润发亮，筋腱呈透明或黄色；切片不散，咸中带甜，美味可口，出品率 42% 左右。

【实训作业】

按实际操作过程写出实习报告（包括产品加工要点、步骤、结果分析等）。

思 考 题

1. 试述酱卤制品的种类及其特点。
2. 酱卤制品加工中的关键技术是什么？
3. 调味有哪些方法？
4. 煮制时如何掌握火候？
5. 酱制品和卤制品有何异同？
6. 试述 1～2 种当地消费者喜欢的酱卤制品的加工方法。

项目八　熏烤制品加工

【知识目标】 掌握熏制、烤制的方法与特点。

【技能目标】 能够熟练进行熏制、烤制加工生产。

【素质目标】 培养学生解决熏烤制品加工中出现的各种问题的能力。

任务一　熏烤制品概述

熏烤制品是指以熏烤为主要加工手段的肉类制品，其制品分为熏制品和烤制品两类。熏制品是以烟熏为主要加工工艺生产的肉制品，烤制品是以烤制为主要加工工艺生产的肉制品。

一、熏制

熏制是利用燃料没有完全燃烧的烟气对肉品进行烟熏，温度一般控制在 30～60 ℃，以熏烟来改变产品口味和提高品质的一种加工方法。

（一）烟熏的目的

烟熏的目的是：

（1）使肉制品形成特有的烟熏味。

（2）使肉制品脱水，增强产品的防腐性，延长贮存期。

（3）使肉制品呈棕褐色，颜色美观。

（4）起杀菌作用，使产品对微生物的作用更稳定。

过去人们烟熏食材主要是为了提高食物的防腐性，而如今烟熏食材则主要是为了使其具有特殊的烟熏味，以迎合消费者的喜好。

（二）熏烟的成分及其作用

熏烟是由蒸汽、气体、液体（树脂）和微粒固体组合而成的混合物。熏制的实质就是制品吸收燃料（木材）分解的产物的过程。因此燃料（木材）的分解产物是烟熏作用的关健。

熏烟的成分很复杂，现已从木材发生的熏烟中分离出 200 多种化合物，其中常见的化合物为酚类、醇类、羰基类化合物、有机酸和烃类等。但这并不意味着其所有化合物均存在于烟熏肉中。有实验证明，对熏制品起作用的主要是酚类和羰基化合物。熏烟的成分常因燃烧温度与时间、燃烧室的条件、形成化合物的氧化变化以及其他许多因素的变化有差异。

酚类在熏烟中有 20 多种之多，酚类在熏制中的作用是：① 抗氧化作用；② 使制品产生特有的烟熏风味；③ 能抑菌防腐。其中酚类的抗氧化作用对熏制品最重要，尤其是采用高温法熏制时，所产生的酚类，如 2,6 双甲氧基酚有极强的抗氧化作用。

熏烟中的羰基化合物主要是酮类和醛类，它们存在于蒸汽蒸馏中，也存在于熏烟的颗粒上。羰基化合物可使熏制品形成熏烟风味和棕褐色。

熏烟中醇的种类繁多，主要有甲醇、伯醇、仲醇等。醇类的作用主要是作为挥发性物质的载体。醇类的杀菌效果很弱，对风味、香气并不起主要作用。

熏烟组成中存在有 1 ~ 10 个碳的简单有机酸。有机酸有促使熏制品表面蛋白质凝固的作用，但对熏制品的风味影响较少，防腐作用也较弱。

熏烟中有许多环烃类，其中有害成分以 3,4-苯并芘为代表，它是强致癌物质。随着温度的升高，3,4-苯并芘的生成量直线增加，为了减少熏烟中的 3,4-苯并芘，提高熏制品的卫生质量，对发烟时的燃烧温度要控制，把生烟室和烟熏室分开，将生成的熏烟在引入烟熏室之前用其他方法加以过滤，然后通过管道把熏烟引进烟熏室进行熏制。

（三）熏制的方法

1. 冷熏法

冷熏法的温度为 30 ℃以下，熏制时间一般需 7 ~ 20 d，这种方法在冬季时比较容易进行，而在夏季时由于气温高，温度较难控制，特别是当发烟少的情况下易发生酸败现象。由于熏制时间长，产品深部熏烟味较浓，且产品含水量通常在 40% 以下，提高了产品的耐贮藏性。本法主要用于腌肉或灌肠类制品。

2. 温熏法

又称热熏法。本法又可分为中温和高温两种。

中温法：温度在 30 ~ 50 ℃ 之间，熏制时间视制品大小而定，如腌肉按肉块大小不同，熏制 5 ~ 10 h，火腿则 1 ~ 3 d。这种方法可使产品风味好，重量损失较少，但由于温度条件有利于微生物的繁殖，如烟熏时间过长，有时会引起制品腐败。

高温法：温度在 50 ~ 80 ℃ 之间，多为 60 ℃，熏制时间在 4 ~ 10 h 之间。采用本法在短时间内即可起到烟熏的目的，操作简便，节省劳力。但要注意烟熏过程不能升温过快，否则会有发色不均的现象。本法在我国肉制品加工中用得最多。

3. 焙熏法

焙熏法的温度为 95 ~ 120 ℃，是一种特殊的熏烤方法，包含有蒸煮或烤熟的过程。

为了加快肉品的熏制过程和改善熏制品的卫生质量，许多国家做了大量的试验，提出或运用了一些其他熏烟方法，如熏烟液法、电熏烟法等。我国目前很少应用，据资料证实，我国上海已生产提练出"烟熏剂"（液熏油），加到肉制品中，可形成烟熏味，已有生产单位正在应用，效果较好。

（四）熏烟设备及燃料

1. 熏烟设备

熏烟设备根据发烟方式不同有差异。直接发烟式设备比较简单，只有烟熏室。烟熏室按装备不同又分为平床式、一层炉床式和多层炉床式。平床式是将烟熏室的地面作为炉床；一层炉床式的烟熏室是下挖一层火床进行烟熏，此方式使用得比较多；多层炉床式的烟熏室为好几层，从最下面一层发烟，用滑车将制品放在适当位置进行烟熏。

间接发烟式设备有烟雾发生器、送风机、送烟控制装置、管道、烟熏室等。烟雾发生器产生的烟，利用送风机和送烟控制装置（附有烟浓度、温湿度控制装置等），通过管道将烟送入室内，自动控制熏烟的全过程。

2. 熏烟燃料

熏烟燃料很多，如木材、木屑、稻壳、蔗渣等。一般来说，硬木是熏烟最适宜的燃料，软质木或针叶树（如松木）应避免使用。胡桃木、赤木、橡木、苹果树都是较优质的熏烟燃料。熏烟成分中的酚类对熏制品的影响较大，不同品种木材熏制时酚的含量不同，情况见表 1-8-1。

表 1-8-1　不同品种木材熏制时酚的含量情况

木材品种	100 g 干灌肠中酚的含量/mg	100 g 干灌肠中醛的含量/mg
赤杨木	19.15	45.10
白杨木	17.52	35.07
橡　木	16.84	39.24

一些国家采用特殊的熏烟粉，这种熏烟粉是含有特别香味成分的硬木材的混合物。

二、烤　制

肉制品的烤制也称烧烤，烧烤制品是指先将原料肉腌制，然后经过烤炉的高温将肉烤熟的肉制品。

烤制是利用热空气对原料肉进行热加工。原料肉经过高温烤制，表面变得酥脆，产生美观的色泽和诱人的香味。肉类经烧烤产生的香味，是由于肉类中的蛋白质、糖、脂肪、盐和无机物等物质在加热过程中，经过降解、氧化、脱水、脱胺等一系列的变化，生成醛类、酮类、醚类、内酯、硫化物、低级脂肪酸等化合物，尤其是糖与氨基酸之间的美拉德反应，不仅生成棕色物质，同时伴随着产生多种香味物质；脂肪在高温下分解生成的二烯类化合物能赋予肉制品特殊的香味；蛋白质分解产生谷氨酸，使肉制品产生鲜味。

此外，在加工的过程中，腌制时加入的辅料也有增香的作用。如五香粉含有醛、酮、醚、酚等成分，葱、蒜含有硫化物。在烤猪、烤鸭、烤鹅时，浇淋糖水用麦芽糖，烧烤时这些糖与蛋白质分解生成的氨基酸发生美拉德反应，不仅起着美化外观的作用，而且产生香味物质。烧烤前浇淋热水，使皮层蛋白凝固，皮层变厚、干燥，烤制时，在热空气的作用下，蛋白质因变性而酥脆。

烤制是利用烤炉或烤箱在高温条件下干烤，温度一般在 180～220 ℃ 左右。烤制使用的热源有木炭、无烟煤，红外线电热装置等。烤制方法分为明烤和暗烤两种。

1. 明烤

把制品放在明火或明炉上烤制称为明烤。从使用设备来看，明烤分为三种：一种是将原料肉叉在铁叉上，在火炉上反复炙烤，烤匀烤透，烤乳猪就是利用这种方法；第二种是将原料肉切成薄片状，经过腌渍处理，最后用铁钎穿上，架在火槽上，边烤边翻动，炙烤成熟，烤羊肉串就是用这种方法；第三种是在盆上架一排铁条，先将铁条烧热，再把经过调好配料的薄肉片倒在铁条上，用木筷翻动搅拌，成熟后取下食用，这是北京著名风味烤肉的做法。

明烤设备简单，火候均匀，温度易于控制，操作方便，着色均匀，成品质量好。但烤制时间较长，须劳力较多，一般适用于烤制少量制品或较小的制品。

2. 暗烤

把制品放在封闭的烤炉中，利用炉内高温使其烤熟，称为暗烤。又由于要用铁钩钩住原料，挂在炉内烤制，又称挂烤。北京烤鸭、叉烧肉都是采用这种烤法。暗烤的烤炉最常用的有三种：一种是砖砌炉，中间放有一个特制的烤缸（用白泥烧制而成，可耐高温），烤缸有大小之分，一般小的一次可烤 6 只烤鸭，大的一次可烤 12～15 只烤鸭。这种炉的优点是制品风味好，设备投资少，保温性能好，省热源，但不能移动。另一种是铁桶炉，炉的四周用厚铁皮制成，做成桶状，可移动，但保温效果差，用法与砖砌炉相似，均需人工操作。这两种炉都是用炭作为热源，因此风味较佳。还有一种为红外电热烤炉，比较先进，炉温、烤制时间、旋转方式均可设定控制，操作方便，节省人力，生产效率高，但投资较大，成品风味不如前面两种暗烤炉。

任务二　熏烤制品加工

一、熏鱼的加工工艺

1. 工艺流程

原料选择与整理→浸渍→油炸→调味→冷却包装

2. 工艺要点

（1）原料选择与整理

① 熏鱼的加工原料大都采用淡水鱼，如青鱼、草鱼、鲤鱼、鲢鱼及鲳鱼等，目前也有采用新鲜的海、淡水小杂鱼为原料的。熏鱼制品以条重 5 kg 左右的鲜活青鱼或草鱼为佳。原料的新鲜度要求为冰鲜或冻鱼一级品，鲜活原料最好。

② 新鲜原料鱼用清水洗净（冻鱼需先行解冻），去鳞、鳍、鳃、内脏等。处理好后用清水洗净。大鱼经处理后，先切去鱼头，劈为两片（一片带脊骨，一片不带脊骨）。接着将鱼片横斜切成皮面 1～2 cm（鱼块厚度）的斜刀块，做到鱼块厚薄均匀，大小一致。

（2）浸渍。鱼块切好后及时浸渍，调制成咸味，并赋予成品良好色泽。浸渍配料主要是深色酱油和精盐，可加黄酒、姜、葱汁等以减少鱼腥味。浸渍配料用量和时间根据原料品种、鲜度、开块厚度、季节温度、各地口味和习惯灵活掌握。一般用量：深色酱油为鱼块总量的 4%，精盐 2%，黄酒、葱汁适量。浸渍 2～4 h 后捞出沥干。

（3）油炸。将浸汁后沥干的鱼块放入 180 ℃ 油锅中炸 3～5 min，至鱼块坚实，呈棕色或棕褐色为止。一般采用植物油为佳，应严防鱼块表面炸老、炸焦。每次鱼块投入量为油量的 10% 左右。油炸时，待鱼块上浮后随即翻动抖散，以防鱼块粘连。

（4）调味。将炸好的鱼块捞出沥油片刻，趁热浸入调味液中 5 min 左右，捞出沥汤。

调味液的配制：根据需用量，取茴香、桂皮和姜葱，加水煮开后继续用小火煨煮 1 h 左右。取汤液，加入白砂糖煮开溶化后加入黄酒、味精等搅匀备用。此液增加新液后可连续使用。若需熏制上色，可将调味沥干后的鱼块再进行适当烟熏。

（5）冷却包装。鱼块沥干后放在通风处冷却透，然后进行包装。加工后当天或几天内销售的成品，可用普通塑料食品袋包装；若加工成品要求具有较长的贮藏时间，需用聚丙烯或尼龙、铝箔聚丙烯等复合薄膜袋进行真空包装，高压杀菌，这样可以在常温下保存 3～6 个月。

3. 质量要求

熏鱼（爆鱼）鱼块大小均匀，呈酱红褐色，富有光泽。鱼肉组织紧密，软硬适度，香味浓郁，甜美可口，咸淡适中。

二、哈尔滨熏鸡的加工工艺

1. 工艺流程

原料、辅料准备→屠宰→浸泡→紧缩→煮熟→熏制→成品

2. 工艺要点

（1）原料、辅料准备：

① 原料：要求选择肥嫩母鸡。

② 辅料。配制老汤的标准是：清水 100 kg，精盐 8 kg，酱油（原汁）3 kg，味精 50 g，花椒 400 g、大料 400 g、桂皮 200 g（这 3 种调料共同装入一个白布口袋，每煮 10 次更换 1 次），鲜姜（切丝）250 g，大葱（切段）150 g，大蒜（去皮）150 g（这 3 种调料也合装入一个白布口袋，鲜姜每煮 5 次更换一次，葱、蒜每煮一次更换一次）。

老汤配好后，放入锅里加热。

（2）屠宰：鸡宰杀后，彻底除掉羽毛和鸡内脏，之后将鸡爪弯曲装入鸡腹内，将鸡头夹在鸡膀下。

（3）浸泡：把宰后的鸡放在凉水中泡 1~2 h 取出，排尽水分。

（4）紧缩：将鸡投入滚开的老汤内紧缩 10~15 min。取出后把鸡体的血液全部控出，再把浮在汤上的泡沫捞出弃去。

（5）煮熟：把紧缩后的鸡重新放入老汤内煮制，汤的温度要保持在 90 ℃ 左右，经 3~4 h 后，煮熟捞出。

（6）熏制：将煮熟的鸡单行摆入熏屉内，装入熏锅或熏炉。烟源的调制：用白糖 1.5 kg（红糖、糖稀、土糖均可）、锯末 0.5 kg，拌匀后放在熏锅内用火烧锅底，使锯末和糖的混合物生烟，熏在煮好的鸡上，使产品外层干燥变色。熏制 20 min 取出，即为成品。

三、北京熏猪肉的加工工艺

北京熏猪肉是北京地区的风味特产，深受群众喜爱。

1. 工艺流程

原料选择与整修→煮制→熏制→成品

2. 工艺配方

猪肉 50 kg，粗盐 3 kg，白糖 200 g，花椒 25 g，八角 75 g，桂皮 100 g，小茴香 50 g，鲜姜 150 g，大葱 250 g。

3. 工艺要点

（1）原料的选择与整修。选用经卫生检验合格的猪肉，剔除骨头，除净余毛，洗净血块、杂物等，切成 15 cm 见方的肉块，用清水泡 2 h，捞出后沥干水待煮。

（2）煮制。把老汤倒入锅内并加入除白糖外的所有配料，大火煮沸，然后把肉块放入锅内烧煮，开锅后撇净汤油及脏沫子，每隔 20 min 翻一次锅，约煮 1 h。出锅前把汤油及沫子撇净，将肉捞到盘子里，排净水分，再整齐地码放在熏屉内，以待熏制。

（3）熏制。熏肉的方法有两种：一种是用空铁锅坐在炉子上，用旺火将放入锅内底部的白糖加热至出烟，将熏屉放在铁锅内熏 10 min 左右即可出屉码盘；另一种熏制办法是将锯末或刨花放在熏炉内，熏 20 min 左右即为成品。

4. 质量标准

成品外观呈杏黄色，味美爽口，有浓郁的烟熏香味，食之不腻，糖熏制的有甜味。出品率 60% 左右。

四、熏兔的加工工艺

1. 工艺流程

选料与备料→配料→熟制→熏制→成品

2. 工艺要点

（1）选料与备料。选择健康膘肥的仔兔，体重 2.5~3 kg，按传统工序屠宰，放血，剥皮，开膛，除去内脏和四肢下部。用清水洗净后，再用无毒线绳把两后肢绑成抱头状呈弓形固定。

（2）配料。选用毕拨、良姜、桂皮、砂仁、花椒、肉豆蔻、大料、白芷、山楂等各适量，装入纱布袋。煮兔时把调料袋放入锅内水中，加入适量的酱油、酱豆腐、面酱、食盐、大蒜等制成煮肉汤，这种调配的汤料具有口味好、防腐去腥、健胃、暖肠、调气、醒脑和增色等功效，令熟制的兔肉呈棕色，一次投料可连续使用 4~5 次，以后再添加更换，或根据需要分别级配料。

（3）熟制。将配好的煮肉汤煮沸后放入兔子，再加火煮沸，然后用慢火焖 3~4 h，以兔肉熟烂而不破损为宜，再把煮好的兔子捞出，置于特制的笼屉上待熏。将煮肉汤冷却去掉上层浮油，盛于缸内保存。煮肉汤可连续使用。煮制了多年的肉汤叫"老汤"，老汤质量的好坏是煮好兔肉的技术关键。

（4）熏制。把铁锅清洗干净，在锅底部加入柏木或碎屑适量，白砂糖少许，然后把待熏制的兔均摆于笼屉上，再放入锅内，盖上锅盖，加火烧 3~5 min，待锅内冒出缕缕青烟，闻到柏木香味时，揭开锅将兔取出，就是成品。

3. 质量特点

优质熏兔不加任何染料，便成棕色而有光泽，表面干净无杂物，肌肉富有弹性，肉质紧密鲜嫩，表面干燥酥软，咸淡适口，肥而不腻，多食不滞，有柏木香风味，蚊蝇不落肉上。常温条件下可保存 5~7 天不变质。

五、北京烤鸭的加工工艺

北京烤鸭是典型的烤制品，为我国著名特产。北京的"全聚德"烤鸭，以其优异的质量和独特的风味在国内外享有盛誉。

1. 工艺流程

原料选择→宰杀→打气→开膛、洗膛→挂钩→烫皮→挂糖色→灌水→烤制→成品

2. 工艺要点

（1）原料选择。选择经过填肥的北京鸭，以 55~65 日龄、活重 3~3.5 kg 的填鸭最为适宜。

（2）宰杀。切断三管，放净血，用 70 ℃热水浸烫鸭体 3~5 min，然后去掉大小绒毛，不能弄破皮肤，剁去双脚和翅尖。

（3）打气。从颈部放血切口处向鸭体打气，使气体充满鸭体皮下脂肪和结缔组织之间，当鸭身变成丰满膨胀的躯体便可。打气要适当，不能太足，会使皮肤胀破，也不能过少，以免膨胀不佳。充气的目的是使鸭体外形丰满，显得更加肥嫩，烤制时受热均匀，容易熟透，鸭皮酥脆。

（4）开膛、洗膛。用尖刀从鸭右腋下开 6 cm 左右切口，取出全部内脏，然后取一根长约 7 cm 秸秆或细竹塞进鸭腹，一端卡住胸部脊柱，另一端撑起鸭胸脯，要支撑牢固。支撑后把鸭逐只放入水中洗膛，用水先从右腋下刀口灌入体腔，然后倒出，反复洗几次，同时注意冲洗体表、口腔，把肠的断端从肛门拉出切除并洗净。

（5）挂钩。北京烤鸭过去挂钩比较复杂，现在用特制可旋转的活动钩，非常简便。使用时先用铁钩下面的两个小钩分别钩住两翅，头颈穿过铁钩中间的铁圈，即可将鸭体稳定地挂住。

（6）烫皮。提起挂鸭的钩，用沸水烫鸭皮，第一勺水先烫刀口处的侧面，防止跑气，再淋烫其他部位，用 3 勺沸水即可把鸭坯烫好。烫皮的目的是使皮肤紧缩，防止跑气，减少烤制时脂肪从毛孔流失，并使鸭体表层的蛋白质凝固，烤制后鸭皮酥脆。烫皮后须晾干水分。

（7）挂糖色。取 1 份麦芽糖或蜜糖与 6 份水混合后煮沸，和烫皮的方法一样，浇淋鸭体全身。挂糖色的目的是使鸭体烤制后呈枣红色，外表色泽美观。

（8）灌水。先用一节长约 6 cm 秸秆塞住肛门，以防灌水后漏水，然后从右腋下刀口注入体腔内沸水 80 ~ 100 mL。注入烫水的鸭进炉后能急剧汽化，这样里蒸外烤，易熟，并具有外脆里嫩的特点。灌水后再向鸭坯体表淋浇 2 ~ 3 勺糖液。

（9）烤制。将鸭坯挂入已升温的烤炉，炉温一般控制在 200 ~ 230 ℃ 之间。2 kg 左右的鸭坯需烤制 30 ~ 45 min。烤制时间和温度要根据鸭体大小与肥瘦灵活掌握，一般鸭体大而肥，烤制时间应长一些，否则相反。如用砖砌炉或铁桶炉进行烤制，应勤调转鸭体方向，使之烤制均匀。当鸭全身烤至枣红色并熟透，出炉即为成品。

3. 质量标准

成品表面呈枣红色，油润发亮，皮脆里嫩，肉质鲜美，香味浓郁，肥而不腻。

六、广东脆皮乳猪的加工工艺

广东脆皮乳猪是广东地方传统风味佳肴，有着 1400 多年的悠久历史，据说乾隆年间，烤乳猪已很盛行。由于产品风味很有特色，深受全国广大消费者的喜爱。

1. 工艺流程

原料选择→屠宰与整理→腌制→烫皮、挂糖色→烤制→成品

2. 工艺配方

乳猪 1 头（5 ~ 6 kg），食盐 50 g，白糖 150 g，白酒 5 g，芝麻酱 25 g，干酱 25 g。

3. 工艺要点

（1）原料选择。选用 5 ~ 6 kg 重的健康有膘乳猪，要求皮薄肉嫩、全身无伤痕。

（2）屠宰与整理。放血后，用 65 ℃ 左右的热水浸烫，注意翻动，之后取出迅速刮净毛，用清水冲洗干净。从腹中线用刀剖开胸腹腔和颈肉，取出全部内脏器官，将头骨和脊骨劈开（切莫劈开皮肤），取出脊髓和猪脑，剔出第 2 ~ 3 条胸部肋骨和肩胛骨，用刀划开肉层较厚的部位，便于配料渗入。

（3）腌制。除麦芽糖之外，将所有辅料混和后，均匀地涂擦在体腔内，腌制时间夏天约 30 min，冬天可延长到 1 ~ 2 h。

（4）烫皮、挂糖色。腌好的猪坯，用特制的长铁叉从后腿穿过前腿到嘴角，把其吊起沥干水。然后用 80 ℃ 热水浇淋在猪皮上，直到皮肤收缩。待晾干水分后，将麦芽糖水（1 份麦芽糖加 5 份水）均匀地刷在皮面上，最后挂在通风处待烤。

（5）烤制。烤制有两种方法，一种是用明炉烤制，另一种是用挂炉烤制。

① 明炉烤制。铁制长方形烤炉，用木炭把炉膛烧红，将叉好的乳猪置于炉上，先烤体腔肉面，约烤 20 min 后，然后反转烤皮面，烤 30 ~ 40 min 后，当皮面色泽开始转黄和变硬时取出，用针板扎孔，再刷上一层植物油（最好是生茶油），而后再放入炉中烘烤 30 ~ 50 min，当烤到皮脆，皮色变成金黄色或枣红色即为成品。整个烤制过程不宜用大火。

② 挂炉烤制。将已烫皮并已涂麦芽糖晾干后的猪坯挂入加温的烤炉内，约烤制 40 min 左右，当猪皮开始转色时，将猪坯移出炉外扎针、刷油，再挂入炉内烤制 40 ~ 60 min，至皮呈红黄色且脆时即可出炉。烤制时炉温需控制在 160 ~ 200 ℃。挂炉烤制火候不是十分均匀，成品质量不如明炉。

4. 质量标准

合格的脆皮乳猪，体形表观完好，皮色为金黄色或枣红色，皮脆肉嫩，松软爽口，香甜味美，咸淡适中。远在北魏时期成书的《齐民要术》中有关于烤乳猪的详细记载，其中对烤乳猪品质的标准要求是："色同琥珀，又类真金，入口则消，状若凌雪，含浆膏润，特异非常"。

七、烤乳猪的制作技术

临高乳猪因产于海南北部的临高县而得名，它以皮脆、肉细、骨酥、味香赢得人们的青睐，不管是烤、炒、焖、蒸皆可口，以上做法中烧烤为佳。完成一只乳猪的烧烤工序约需 4 h，包括放血、烫皮、去毛、剖肚、切脊、佐料、插叉、烘烤、抹油等，整个烧烤间弥漫着扑鼻的香味，让人垂涎三尺。

1. 工艺流程

选料→去毛→除净→剖肚→切脊→碎骨→佐料→叉插→勒紧→选炭→文火→抹油→成品

2. 工艺要点

（1）选料。从事烧烤乳猪这一行的人都知道，选取乳猪是烧烤的第一关键。临高县乳猪的产地有几个乡镇，可入选乳猪原料的是南宝、多文和波莲的乳猪。波莲乳猪的虽然是黑身，但属瘦肉型乳猪，是最佳的选料。在个头上，十几至二十斤重的最为理想。当天出圈的乳猪必须当天烘烤，万不得已不能过夜烤制。

（2）去毛。将乳猪放在 70 ℃ 左右的热水中，反复滚烫，然后用手搓除去乳猪身上的毛。此道工序适合的水温是关键。

（3）除净。将乳猪手搓未净的细毛用刀及刀片进行最后的处理。

（4）剖肚。从猪肚底部位切开，将下水全部掏空。

（5）切脊。娴熟的碎骨刀法是切开脊椎的关键。乳猪的脊椎长而细，没有娴熟的刀法和熟练而适度的刀力，所切的脊椎会偏刀，缺少工整疏密之美。沿龙骨中线用刀砍开，这一步要注意别伤到皮，后去除猪脑、猪肾、肚脯，接下来除去肩甲骨和前脚里最末端的一块小骨头和猪大腿中多余的肉，这样做更容易入味。

（6）碎骨。碎骨后上好佐料。破脊压平，剁去两条后腿的骨头，让猪皮紧贴桌面，用利刀在肉上"划花"，不能划得太深，约 1 cm 为宜，这样做是为了让调料能渗透到肉里边。

（7）佐料。调料腌制是蒸乳猪的主要工序。先按一定比例配备好盐、白糖、姜、蒜茸、红南乳和"五香料"，后用适量红酒进行搅拌成糊状，将其拭擦在乳猪的体内外。

（8）叉插。用尖利的牙叉从乳猪的下部一直插穿到腮帮部位，应串穿着排骨而过，又不能伤着表皮，此工艺简单扼要，烧烤的师傅基本精通。要将整只猪拉平、蠹起冲洗猪皮，直至将盐味洗净，以防烧烤时曝起米碎泡，影响美观。

（9）勒紧。烧烤的时候，如果不将乳猪的四肢绑紧固定，烧烤时，就会随着乳猪的烤熟而出现猪肉收缩的现象，既影响肉质的烘烤，又影响烤完后乳猪外形的美观。

（10）选炭。烤乳猪需要用木炭烤，比较讲究的还要选木炭，据悉，荔枝木、龙眼木等水果树的木炭烤出来的乳猪更香。

（11）文火。上佐料 3 h 之后，烘烤前在乳猪皮上抹上一层天然含糖质佐料。将乳猪置于用铁皮做成的半圆形的烤箱里，放进少量木炭，用文火慢慢烘烤。

烤乳猪要特别注意掌握好火候，开始火力可以旺一些，要将乳猪不停地、均匀地翻转，并经常给猪皮擦蜜糖水，以提高耐火力，同时要注意不能"走火"，以防局部烤焦，要保持火候均衡，直到乳猪皮开始略见焦黄。

（12）抹油。轻轻翻动，相继给乳猪皮涂上花生油，使皮不起泡又增色、增味。

3. 成品质量

经过几个小时的烘烤，熟透的排骨鲜亮无比。夹上一块烤乳猪肉，蘸点白糖送入口中，只需轻轻一嚼，顿时满口余香，让人感受到那独特的"入口则消，壮若凌雪，含浆膏润"的美味，脆、香、嫩，烤乳猪的美味尽在不言中。

八、内蒙古烤全羊的加工工艺

烤全羊是蒙古族的传统佳肴，是蒙古族宴席中最高档的一道名肴，通常用来招待贵宾，或用于重要祭典等隆重场合。烤全羊之所以名闻迩，除了选用的羊肉质量好以外，关键在于它有一整套特殊的烤制方法。

传统的内蒙古烤全羊，要选择腰肥体壮的四齿二岁绵羊为原料，屠宰时须采用攥羊心的方法宰杀（从羊的胸部开刀，把手伸入羊腔，攥其心脏至死。这种方法杀死的羊不会大量出血，其肉格外可口）。去掉内脏后，再在羊胸腔内放入各种调料，四肢向上，羊背朝下，用铁链吊起来，放入炉内烤，直到烤成外呈棕红色、肉熟为止。

1. 工艺流程

选料→腌渍→烤制→成品

2. 工艺要点

（1）原料准备：去毛带皮羊胴体 1 个（重 13～15 kg，膘肥肉嫩者为最佳）。

（2）将羊放入大盆中，用盐 1 500 g 搓擦羊身。

（3）将茴香 50 g，香叶、花椒各 20 g，大葱 500 g，姜 300 g，鸡粉、盐各 150 g，芹菜、胡萝卜各 400 g，圆葱 200 g 拌匀，从羊腿内侧的刀口处放入羊腔内（装入 95%，剩余部分留用），把羊肚用线缝好。

（4）用剩余的料头把羊头裹匀，也腌制 12 h，去掉腌料渣，将羊身、羊头表皮擦洗干净，刷脆皮水 500 g，自然风干后放入烤炉内，用炭火烤制 2 h，再把烤好的羊放在烤全羊车上，用传统烤全羊的装饰方法装饰即可。

脆皮水的配方：将麦芽糖 350 g、大红浙醋 200 g、白醋 200 g、水 1 kg 调匀即可。

实训七　烤鸡的加工

【目的要求】

通过实训，熟悉烤鸡的加工工艺，掌握其与熏鸡的主要区别，学会混合腌制法。

【材料用具】

1. 原材料：白条鸡、香菇、蜂蜜。

2. 腌制材料（单位：kg）：水 100，味精 0.4，花椒 0.15，大料 0.15，盐 5，白糖 1.5，白酒 0.5，大葱 0.25，姜 0.25，丁香 0.075，山柰 0.075，白芷 0.075，蒜 0.25，陈皮 0.075，草蔻 0.075，砂仁 0.05，豆蔻 0.05，桂皮 0.05。

3. 设备仪器：远红外烤禽箱、电磁炉、不锈钢锅、电子天平、冰柜等。

【方法步骤】

1. 原料选择

选用体重 1.5 ~ 2 kg 肉用仔鸡。这样的鸡肉质香、肉嫩、净肉率高，制成烤鸡成品率高、风味佳、经济效益高。

2. 制作过程

（1）整形：将全净膛光鸡先去腿爪，再从放血处的颈部横切断，向下推脱颈皮、切段颈骨，去掉头颅，再将两翅反转成"8"字形。

（2）腌制：将整形后的光鸡逐只放入腌制缸中，用压盖将鸡压入液面以下，腌制时间根据鸡的大小、腌制液的盐浓度、气温高低而定，一般腌制时间为 24 h。腌制好后将鸡捞出，吊挂晾干。不同的腌制浓度对成品烤鸡的滋味、气味和质地三大指标影响较大，高浓度腌制液（17%）会使得鸡体内的水分向外渗透，肉质相应老一些，同时由于肌纤维的收缩，蛋白质发生聚合收缩从而影响了芳香物质的挥发，导致鸡肉的香味不如腌制液浓度为 8% 及 12% 的好。另外，高浓度盐液渗透性强，因此短时间内即可达到腌制效果。腌制浓度为 12% 的腌制液则较为理想。本次实验的腌制液浓度为 5%，时间为 24 h。

（3）浸烫紧皮：将腌制好的光鸡放入沸水中 30 s。

（4）填放腹内填料：向每只鸡的腹腔内填入生姜 2 ~ 3 片、葱 2 ~ 3 根、香菇 2 块，然后用钢针绞缝腹下开口，不让腹内汁液外流。

（5）表面涂蜂蜜。

（6）烤制：一般用远红外线电烤炉，先将炉温升至 100 ℃，将鸡挂入炉内，不同规格的烤炉挂鸡数量不一样，当炉温升至 180 ℃ 时，恒温烤 25 ~ 30 min，这时主要是将鸡烤熟，然后再将炉温升高至 240 ℃ 烤 20 ~ 25 min，此时主要是使鸡皮上色、发香。当鸡体全身上色均匀、达到成品红色时立即出炉。出炉后趁热在鸡皮表面上涂一层香油，使鸡皮更加红艳发亮，擦好香油后即为成品烤鸡。

【实训作业】

根据实训内容，按实际操作过程写出实习报告。

思 考 题

1. 试述烟熏的目的。
2. 简述熏烟的成分及其作用。
3. 烟熏的方法有哪些？
4. 简述烟熏的设备及燃料的选择原则。
5. 烧烤的方法有哪几种？各有何特点？
6. 简述烧烤制品的色泽及风味形成的原因。
7. 举例说明 1~2 种消费者喜欢的熏烤肉制品的加工工艺及操作要点。

项目九　肉干制品加工

【知识目标】 了解肉干制品的加工原理与方法。
【技能目标】 能够熟练进行肉干制品的加工生产。
【素质目标】 培养学生解决肉干制品加工中出现的各种问题的能力。

任务一　肉品干制的基本原理和方法

肉品干制就是在自然条件或人工控制条件下促使肉中水分蒸发的一种工艺过程，也是肉类食品最古老的贮藏方法之一。干制肉品是以新鲜的畜禽瘦肉作为原料，经熟制后再经脱水干制而成的一种干燥风味制品，全国各地均有生产。干制品具有营养丰富、美味可口、重量轻、体积小、食用方便、便于保存携带的特点，颇受旅行、探险和地质勘测等方面人士的欢迎。

一、肉品干制的基本原理

干制既是一种保存手段，又是一种加工方法。肉品干制的基本原理可概括为一句话：通过脱去肉品中的一部分水，抑制了微生物的活动和酶的活力，从而达到加工出新颖产品或延长贮藏时间的目的。

水分是微生物生长发育所必需的营养物质，但是并非所有的水分都能被微生物利用。如在添加了一定数量的糖、盐的水溶液中，大部分水分就不能被微生物利用。我们把能被微生物、酶的化学反应所触及到的水分（一般指游离水）称为有效水分。衡量有效水分的多少用水分活度（A_w）表示。水分活度是食品中水分的蒸汽压（P）与纯水在该温度时的蒸汽压（P_0）的比值。一般鲜肉、煮制后的鲜制品的水分活度在 0.99 左右，香肠类食品为 0.93 ~ 0.97，牛肉干为 0.90 左右。

每一种微生物的生长都有所需的最低水分活度值。一般来说，霉菌需要的 A_w 为 0.80 以上，酵母菌为 0.88 以上，细菌生长为 0.99 ~ 0.91。总体来说，肉与肉制品中的大多数微生物只有在较高的 A_w 条件下才能生长。只有少数微生物需要的 A_w 较低。因此，通过干制降低 A_w 就可以抑制肉制品中大多数微生物的生长。但是必须指出，一般的干燥条件下，并不能使肉制品中的微生物完全致死，只是抑制其活动，一旦环境适宜，微生物仍会继续生长繁殖。因此，肉类在干制时一方面要进行适当的处理，减少制品中各类微生物的数量；另一方面干制后要采用合适的包装材料和包装方法，防潮、防污染。

二、影响食品干制的因素

1. 食品表面积

为了加速湿热交换，食品常被分割成薄片或小片后，再行脱水干制。物料切成薄片或小颗粒后，缩短了热量向食品中心传递和水分从食品中心外移的距离，增加了食品和加热介质相互接触的表面积，为食品内水分外逸提供了更多的途径。从而加速了水分蒸发和食品脱水干制。食品的表面积越大，干燥速度越快。

2. 温度

传热介质和食品间湿差越大，热量向食品传递的速度也越快，水分外逸速度亦增加。若以空气为加热介质，则湿度就降为次要因素。原因是，食品内水分以水蒸汽状态从它的表面外逸时，将在其周围形成饱和水蒸汽层，若不及时排除掉，将阻碍食品内的水分进一步外逸。从而降低了水分的蒸发速度。不过温度越高，它在饱和前所能容纳的蒸汽量越多，同时，若接触空气量越大，所能吸收水分蒸发量也就越多。

3. 空气流速

加速空气流速，不仅因热空气所能容纳的水蒸汽量将高于冷空气而吸收较多的蒸发水分，还能及时将聚积在食品表面附近的饱和湿空气带走，以免阻止食品内水分的进一步蒸发，同时还因和食品表面接触的空气量增加，而显著地加速食品中水分的蒸发。因此，空气流速越快，食品干燥速度也越迅速。

4. 空气湿度

脱水干制时，如用空气作干燥介质，空气越干燥，食品的干燥速度也越快。近于饱和的湿空气进一步吸收蒸发水分的能力远比干燥空气差。

5. 大气压力和真空

在大气压力为 1 个大气压时，水的沸点为 100 ℃，如大气压力下降，则水的沸点也就下降，气压越低，沸点也降低，因此，在真空室内加热干制时，就可以在较低的温度下进行。

三、肉品干制的方法

肉类的脱水干制方法随着科学技术的不断发展也不断地改进和提高。按照加工的方法和方式，目前已有自然干燥、人工干燥、低温冷冻升华干燥等方法。按照干制时产品所处的压力和加热源可以分为常压干燥、微波干燥和减压干燥。

（一）根据干燥的方式分类

1. 自然干燥

自然干燥法是古老的干燥方法，要求设备简单，费用低，但受自然条件的限制，温度条件很难控制，大规模的生产很少采用，只是在某些产品加工中作为辅助工序采用，如风干香肠的干制等。

2. 烘炒干制

烘炒干制法亦称传导干制。靠间壁的导热将热量传给与壁接触的物料。由于湿物料与加热的介质（载热体）不是直接接触，又称间接加热干燥。传导干燥的热源可以是水蒸气、热力、热空气等。可以在常温下干燥，亦可在真空下进行。加工肉松都采用这种方式。

3. 烘房干燥

烘房干燥法亦称对流热风干燥。直接以高温的热空气为热源，借助对流传热将热量传给物料，故称为直接加热干燥。热空气既是热载体又是湿载体。一般对流干燥多在常压下进行。因为在真空干燥情况下，由于气相处于低压，热容量很小，不能直接以空气作为热源，必须采用其他热源。对流干燥室中的气温调节比较方便，物料不致于过热，但热空气离开干燥室时，带有相当大的热能。因此，对流干燥热能的利用率较低。

4. 低温升华干燥

在低温下一定真空度的封闭容器中，物料中的水分直接从冰升华为蒸汽，使物料脱水干燥，称为低温升华干燥。较上述三种方法，此法不仅干燥速度快，而且最能保持原来产品的性质，加水后能迅速恢复原来的状态，保持原有成分，很少发生蛋白质变性。但设备较复杂，投资大，费用高。

此外，尚有辐射干燥、介电加热干燥等，在肉类干制品加工中很少使用，故此处不作介绍。上述几种干燥方法除冷冻升华干燥之外，其他如自然传导、对流等加热的干燥方式，热能都是从物料表面传至内部，物料表面温度比内部高，而水分是从内部扩散至表面，在干燥过程中物科表面先变成干燥固体的绝热层，使传热和内部水分的汽化及扩散增加了阻力，故干燥的时间较长。而微波加热干燥则相反，湿物料在高频电场中很快被均匀加热。由于水的介电常数比固体物料要大得多，在干燥过程中物料内部的水分总是比表面高。因此，物料内部所吸收的电能或热能比较多，则物料内部的温度比表面高。由于温度梯度与水分扩散的温度梯度是同一方向的，所以，促使物料内部水分的扩散速度加快，使干燥时间大大缩短，所加工的产品均匀而且清洁。因此此法在食品工业中广泛应用。

（二）按照干制时产品所处的压力和热源分类

将肉置于干燥空气中，其所含水分会自表面蒸发而逐渐干燥。为了加速干燥，需扩大表面积，因而，常将肉切成片、丁、粒、丝等形状。干燥时空气的温度、湿度等都会影响干燥的速度。为了加速干燥，不仅要加强空气循环，而且还需加热。但加热会影响肉制品品质，故又有了减压干燥的方法。肉品的干燥根据其热源不同，可分为自然干燥和加热干燥，而干燥的热源有蒸汽、电热、红外线及微波等。根据干燥时的压力，肉制品干燥的方法包括常压干燥和减压干燥，减压干燥又分为真空干燥和冷冻干燥。

1. 常压干燥

鲜肉在空气中放置时，其表面的水分开始蒸发，造成食品中内外水分密度有差异，导致内部水分间表面扩散。因此，其干燥速度是由水分在表面的蒸发速度和内部扩散的速度决定的。但在升华干燥时，则无水分的内部扩散现象，是由表面逐渐移至内部进行升华干燥。

常压干燥过程包括恒速干燥和降速干燥两个阶段，而降速干燥阶段又包括第一降速干燥阶段、第二降速干燥阶段。在恒速干燥阶段，肉块内部水分扩散的速率要大于或等于表面水分的蒸发速度，此时水分的蒸发是在肉块表面上进行的，蒸发速度是由蒸汽穿过周围空气膜的扩散速率所控制，其干燥速度取决于周围热空气与肉块之间的温度差，而肉块温度可近似认为与热空气的湿球温度相同。在恒速干燥阶段将会除去肉中绝大部分的游离水。

当肉块中水分的扩散速率不能再使表面水分保持饱和状态时，水分扩散速率便成为干燥速度的控制因素。此时，肉块温度上升，表面开始硬化，干燥进入降速干燥阶段。该阶段包括两个阶段：水分移动开始稍感困难阶段为第一降速干燥阶段，以后大部分成为胶状水的移动则进入第二降速干燥阶段。

肉品进行常压干燥时，温度对内部水分扩散的影响很大。干燥温度过高，恒速干燥阶段缩短，很快进入降速干燥阶段，但干燥速度反而下降。因为在恒速干燥阶段，水分蒸发速度快。肉块的温度较低，不会超过其湿球温度，加热对肉的品质影响较小。但进入降速干燥阶段，表面蒸发速度大于内部水分扩散速率，致使肉块温度升高，极大地影响肉的品质，且表面形成硬膜，使内部水分扩散困难，降低了干燥速率，导致肉块中内部水分含量过高，使肉制品在贮减期间容易腐烂变质。故确定干燥工艺参数时要加以注意。在干燥初期，水分含量高，可适当提高干燥温度，随着水分减少应及时降低干燥温度。据报道，在完成恒速干燥阶段后，采用回潮后再进行干燥的工艺效果较好。干燥和回潮交替进行的新工艺有效地克服了肉块表面下硬和内部水分过高这一缺陷（S.F·Chang，1991）。

除了干燥温度外，湿度、通风量、肉块的大小、摊铺厚度等都会影响干燥速度。常压干燥时温度较高，且内部水分移动，易与组织酶作用，常导致成品品质变劣、挥发性芳香成分逸失等缺点，但干燥肉制品特有的风味也在此过程中形成。

2. 微波干燥

用蒸汽、电热、红外线烘干肉制品时，耗能大，时间长，易造成外焦内湿现象。利用新型微波技术则可有效地解决以上问题。微波是电磁波的一个频段，频率范围为300～3 000 MHz。微波发生器产生的电磁波形成带有正负极的电场。食品中有大量的带正负电荷的分子（水、盐、糖），在微波形成的电场作用下，带负电荷的分子向电场的正极运动，而带正电荷的分子向电场的负极运动。由于微波形成的电场变化很大，且呈波浪性变化，使食品中的分子随着电场的方向变化而产生不同方向的运行，分子间的运动经常产生阻碍、摩擦而产生热量，使肉块得以干燥。而且这种效应在微波一旦接触到肉块时就会在肉块内外同时产生，而无须热传导、辐射、对流，在短时间内即可达到干燥的目的，且使肉块内外受热均匀，表面不易焦糊。但微波干燥设备有投资费用较高、干肉制品的特征性风味和色泽不明显等缺点。

3. 减压干燥

将食品置于真空中，随真空度的不同，在适当的温度下，其所含水分则蒸发或升华。也就是说，只要对真空度做适当调节，即使是在常温以下的低温也可以进行干燥。理论上，水在真空度为 613.18 Pa 以下的真空中，液体的水会变成固体的水，同时由冰直接变成水蒸气而蒸发，即所谓升华。就物理现象而言，采用减压干燥，随着真空度的不同，无论是水的蒸发还是冰的升华，都可以制得干制品。因此肉品的减压干燥有真空干燥和冻结干燥两种。

真空干燥是指肉块在未达结冰温度的真空状态（减压）下加速水分的蒸发而进行干燥。真空干燥时，在干燥初期，与常压干燥时相同，存在着水分的内部扩散和表面蒸发。但在整个干燥过程中，则主要是内部扩散与内部蒸发共同进行的干燥。因此，与常压干燥相比，其干燥时间缩短，表面硬化现象减小。真空干燥虽使水分在较低温度下蒸发干燥，但因蒸发而导致的芳香成分的逸失及轻微的热变性在所难免。

冻结干燥相似于前述的低温升华干燥，是指将肉块冻结后，在真空状态下，使肉块中的冰升华而进行干燥。这种干燥方法对色、味、香、形几乎无任何不良影响，是现代最理想的干燥方法。我国冻结干燥法在干肉制品加工中的应用才刚开始起步，相信会得到迅速发展。冻结干燥是将肉块急速冷冻至 −40～−30 ℃，将其置于可保持真空度 13～133 Pa 的干燥室中，因冰的升华而进行干燥。冰的升华速度，因干燥室的真空度及升华所需要的热量所决定。另外，肉块的大小、薄厚均有影响。冻结干燥法虽需加热，但并不需要高温，只供给升华潜热并缩短其干燥时间即可。冻结干燥后的肉块组织为多孔质，未形成水不浸透性层，且其含水量少，故能迅速吸水复原，是方便面等速食品的理想辅料。同理，此法干燥的食品，其贮藏过程中也非常容易吸水，且其多孔质与空气接触面积增大，在贮藏期间易被氧化变质，特别是脂肪含量高时更是如此。

四、干制品的包装

包装前的干制肉品常需进行筛选去杂，剔除块片和颗粒大小不合标准的产品以提高产品质量标准，去杂多为人工挑选。为使肉松进一步蓬松，用擦松机和跳松机可使其更加整齐一致。

用烘房干燥或自然干制方法制得的干制品各自所含的水分并不均匀一致，而且在其内部也不是均匀分布，常需均湿处理，即在密封室内进行短暂贮藏，以便使水分在干制品内部及干制品之间进行扩散和重新分布，最后达到均匀一致的要求。

干制品的外包装一般采用塑料薄膜。

任务二 肉干制品加工

肉类干制品主要有肉干、肉松、肉脯三大类。

一、肉干加工

肉干是用牛、猪等瘦肉经预煮后，加入配料复煮，最后经烘烤而成的一种肉制品。由于原料肉、辅料、产地、外形等不同，其品种较多，如根据原料肉不同有牛肉干、猪肉干、羊肉干等；根据形状分为片状、条状、粒状等肉干；按辅料不同有五香肉干、麻辣肉干、咖喱肉干等。但各种肉干的加工工艺基本相同。

（一）灯影牛肉干的加工工艺

灯影牛肉干产于四川达县地区的南江、通江、平昌、巴中等县，至今已有近100年的历史。灯影牛肉干片薄似纸，可透灯影，故而得名。

1. 工艺流程

选料→配料→排酸→烘烤→包装、贮存

2. 工艺配方

净料肉 100 kg，食盐 2~3 kg，白糖 1 kg，白酒 1 kg，麻油 2 kg，胡椒粉 300 g，花椒粉 300 g，浓度 2% 的硝水 1 kg，生姜 1 kg，混合香料（即肉桂 25%、丁香 3%、荜拔 8%、八角茴香 50%、甘草 2%、桂子 6%、山奈 6%，磨成粉末）200 g。

3. 工艺要点

（1）选料：选取牛的背扭肉和腿心肉，约占整头牛肉总量的20%。腿心肉以后腿肉质最佳，以肉色深红，纤维较长，脂肪、筋膜较少，有光泽弹性，外表微干不黏手的牛肉为原料，洗净挂晾，切成块重 250 g 左右。

（2）配料：将各种配料磨成粉末备用。

（3）排酸：将肉块放进腌缸，用纱布盖好，让肉质排酸（又叫发酵），略有酸味，手触有黏着感。此时取出切成片料，厚度不超过 0.2 cm，并把辅料与肉片拌匀，每次以 5 kg 为宜，以免香料拌不匀或肉被拌烂。

（4）烘烤：将肉片铺在筍箕上，送进烘房，以 60~70 ℃ 烘烤。当下层烘至水气没有时，肉片由白色转为黑色，又转为棕黄色，已八九成干时，将底层烘筛调往中间层。一般进房烘 3~4 h 就可出房，晾凉 2~3 min，用手把筍箕的两对角一挤，成品自然脱开来。

（5）包装、贮存。成品用纱布包好，出品率为 23%~31%。用马口铁包装，每听净重 125 g，可放 2 年以上。若是散装，可贮于小口缸内，内衬防潮纸，缸口密封。

4. 产品特点

色泽棕黄泛红，咸度适中，落口消融，酥润适口，腴美汁浓，清香鲜美，回味无穷。

（二）哈尔滨五香牛肉干的加工工艺

哈尔滨牛肉干是哈尔滨的特产。产品历史悠久，风味佳，是国内比较畅销的干制品。

1. 工艺流程

原料选择与整理→浸泡、清煮→冷却、切块→复煮→烘烤→成品

2. 工艺配方

牛肉 50 kg，食盐 1.8 kg，白糖 280 g，酱油 3.5 kg，黄酒 750 g，味精 100 g，姜粉 50 g，八角 75 g，桂皮 75 g，辣椒面 100 g，安息香酸钠 25 g。

3．工艺要点

（1）原料选择与整理：选择无粗大筋腱并经过卫生检验合格的新鲜牛肉，切成 0.5 kg 左右重的肉块。

（2）浸泡、清煮：切好的肉块放入冷水浸泡 1 h 左右，让其脱出血水后，捞出沥干水分。然后把肉块投入锅内，加入食盐 1.5 kg、八角 75 g、桂皮 75 g、清水 15 kg 一起煮制，温度需保持在 90 ℃以上，不断翻动肉块，使其上下煮制均匀，并随时清除肉汤面上的浮油沫，约煮 1.5 h，肉内部切面呈粉红色即可出锅。

（3）冷却、切块：出锅后的肉放在竹筐中晾透，然后除去肉块上较大的筋腱，切成 1 cm³ 左右的肉丁。

（4）复煮：除酒和味精外，将其他剩余的辅料与清煮时的肉汤拌和，再把切好的小肉丁倒入其内，放入锅中复煮，煮制过程中不断翻动，待肉汤快要熬干时，倒入酒、味精等，翻动数次，汤干出锅，出锅后盛在烤筛内摊开，摆在架子上晾凉。

（5）烘烤：将摊有肉丁的筛子放进烘房或烘炉的格架上进行烘烤，烘房或烘炉的温度保持在 50~60 ℃，每隔 1 h 应把烤筛上下换一次位置，同时翻动肉干，约烘 7 h 左右，肉干变硬即可取出，放在通风处晾透即为成品。

4．质量标准

产品呈褐色，肉丁大小均匀，质地干爽而不柴，软硬适度，无膻味，香甜鲜美，略带辣味。

（三）麻辣牛肉干的加工工艺

1．工艺流程

选料→切片晾干→蒸熟→油炸→配料炒制→晾冷→成品

2．工艺配方

瘦黄牛肉 500 g，生姜 15 g，菜油 1 000 g（实耗 150 g），熟芝麻油 25 g，五香粉 5 g，白糖 15 g，花椒面 5 g，辣椒面 5 g，醪糟汁 25 g，精盐 15 g，味精 1 g。

3．工艺要点

（1）选精黄牛后腿部净瘦肉，不沾生水，除去筋膜，修切成整齐的长方块状，均匀地片成极薄的大张肉片。将肉片抹上经过炒制磨细的盐，卷成圆筒，放入竹筲箕内，置于通风处晾干血水。将晾干的牛肉铺在竹筲箕背面，置木炭小火上烤干水气，入笼蒸半小时，再用刀将牛肉切成长 5 cm、宽 3 cm 的片子，重新入笼蒸半小时，取出晾冷。

（2）菜油烧熟，加入生姜和花椒粒少许，将油锅端离火口，10 min 后油锅再置火上，捞去生姜、花椒粒，然后将牛肉片均匀地抹上醪糟汁下油锅炸透，边炸边用漏勺轻轻搅动。待牛肉片炸透，即将锅端离火口，捞出牛肉片。

（3）锅内留熟油 50 g，再置火上加入醪糟汁、五香粉、白糖、辣椒面、花椒面，放入牛肉片炒匀起锅后加入味精、熟芝麻油拌匀、晾冷即成。

二、肉松加工

肉松是将肉煮烂，再经过炒制，揉搓而成的一种入口即化，易于贮藏的脱水制品。由于所用的原料不同，有猪肉松、牛肉松、鸡肉松及鱼肉松等。按其成品形态不同，可分为肉绒和油松两类，肉绒成品金黄或淡黄，细软蓬松如棉絮；油松成品呈团粒状，色泽红润，它们的加工区方法有异同。我国有名的传统产品是太仓肉松和福建肉松等。

（一）草鱼肉松的加工工艺

1. 工艺流程

原料处理→蒸煮→捣碎→调味→炒制→冷却→装袋→灌气、封口→保温→检验→成品

2. 工艺要点

（1）原料处理：把产于无公害养殖基地的新鲜或冷冻良好的草鱼洗净或解冻，去除鳞、内脏、鱼皮、鱼刺，斩去头尾，剖腹去内脏时应注意不要把鱼胆弄破。洗净鱼腹内腔黑膜及血污，去除血腹肉。

（2）蒸煮：把净鱼肉放入盆中，每 10 kg 鱼肉中加入精盐 80 g、料酒 500 g、生姜 60 g、葱 100 g，然后进行常压蒸煮，时间约为 20 min，应达到里外均已熟透，但不过熟为宜。

（3）捣碎：将蒸制的鱼肉趁热拣出鱼刺、姜、葱，然后将鱼肉捣碎备用。

（4）调味：将调味料汤汁倒入捣碎的鱼肉中。

调味料汤汁配料（以每 10 kg 鱼肉计）：桂皮 30 g，八角 100 g，花椒 100 g，陈皮 20 g，生姜 40 g，酱油 500 g，白糖 50 g，精盐 20 g，醋 50 g。

调味料汤汁的制作方法：将桂皮、八角、花椒、陈皮、生姜等放入纱布中包好，倒入适量清水。先用大火烧沸，后改用小火，使水微沸，大约 1 h 后，取出料包，加入其他调料，拌匀。

（5）炒制：将锅用色拉油润滑，放在小火上，加入鱼肉，不断翻炒，当鱼肉呈金黄色，发出香味时，加入五香粉。继续翻炒至鱼肉松散、干燥、起松，即可停火出锅。

（6）冷却：采用自然冷却或冷藏冷却使肉松温度降至室温。冷却时要严格控制卫生条件，防止产品受到污染。

（7）装袋：把肉松定量装入食品专用薄膜袋中。

（8）灌气、封口：采用包装机的Ⅳ档进行封口，热封时间约为 8 s。

3. 质量标准

色泽为正常的金黄色，口感较好，无余渣、无异味，外形酥松、柔软。

（二）牛肉松的加工工艺

1. 工艺流程

原料选择→卤制→加酶嫩化→炒松→擦松→挑松、拣松→包装

2. 工艺配方（建议）

（1）香辣口味：牛肉 100 g、盐 1 g、白砂糖 3 g、葡萄糖 3 g、麦芽糊精 4 g、黑胡椒粉 0.5 g、花椒粉 0.5 g、辣椒粉 3 g、HVP 粉 1 g、牛肉香精（S2086）4 g。

（2）五香口味：牛肉 100 g、盐 1.2 g、白砂糖 2.8 g、葡萄糖 3 g、麦芽糊精 4 g、五香粉 2 g、HVP 粉 1 g、酵母精 1 g、牛肉香精（S2086）4 g。

3. 加工要点

（1）原料选择。选择经卫生检疫合格的牛后腿肉、夹心肉、冷冻分割精肉。其中后腿肉是做肉松的上乘原料，具有纤维长、结缔组织少、成品率高等优点。如果想要成品纤维长，成品率高，味道鲜美，就要选用色深、肉质老的新鲜后腿肉为原料。但为了取长补短，降低成本，通常将夹心肉、分割肉混合使用。

（2）卤制：将选好的原料肉切成 5 cm³ 左右的块状，加 3% 的食盐、1% 的白砂糖腌制 2 d；然后用香辛料（大茴、花椒、桂皮、草果、良姜、陈皮、香叶等）和大葱、姜、酱油、黄酒等熬制料汤，将腌好的牛肉放入锅中卤制。为使产品肉香味浓，可加入 E2012、E2069 等牛肉香精，卤制温度一般为 80 ~ 85 ℃，时间在 1 h 左右。

（3）加酶嫩化：卤制好的牛肉降温至 55 ℃，加入 0.05% ~ 0.1% 的木瓜蛋白酶（添加量依酶的活性而定），嫩化 20 ~ 30 min，然后把肉块放在铲刀上，用小汤勺敲几下，肉块纤维能分开，用手轻拉肌肉纤维有弹性，且不断，说明已酥烂。捞出，冷却待用。

（4）炒松：将冷却好的牛肉放入搅拌机中，加入食盐、白砂糖、葡萄糖、麦芽糊精等辅料，搅打至肉块变成细丝状后倒出，由于半成品肉松纤维较嫩，为了不使其受到破坏，以放入夹层锅内翻炒为宜，控制肉松中心温度为 55 ℃，炒 40 min 左右。炒时要注意随时清除锅巴，防止肉松结块和产生焦味。炒松对肉松成品的质量有很大的影响：炒松时如果水分较低，就会造成肉松成品率低，纤维短；而水分高则使肉松的保质期变短。

（5）擦松：擦松可使肉松变得更加轻柔，并出现绒头（即绒毛状的肉质纤维）。如果没有机器，可采用木制梯形搓板，反复搓松。擦好的肉松要进行水分测定，测定时采集的样品要取样均匀，有代表性，以保证精确度。

（6）挑松、拣松：挑松是把肉松里的头子、筋等杂质，通过机械振动的方法分离出来。拣松是为了弥补上述机器跳松的不足，而采用人工方式，把混在肉松中的杂质进一步拣出来。

（7）包装。

（三）鸡肉松的加工工艺

1. 工艺流程

原料选择→屠宰→初煮→复煮→炒松、搓松→整理→成品

2. 工艺要点

（1）原料选择、屠宰。选体形较大、健康无病的老龄鸡，停食喂水 16 ~ 24 h 后宰杀，褪净鸡毛，取出全部内脏和板油，斩除头颈、翅膀和脚爪，剥净鸡皮，再用流水冲洗；然后用清水浸泡 30 ~ 40 min，洗去血污，至鸡身干净洁白后取出，沥干待用。

（2）初煮。鸡肉 10 kg，配精盐 200 g、白砂糖 800 g、黄酒 150 g、大茴香 10 g、生姜 50 g（生姜切片和大茴香一起用纱布包裹），一道放入锅内，加清水浸没，旺火煮沸并延续 30 min，再改文火焖煮 2 h 左右，捞出，趁热剔净骨头，去除肌腱、筋膜、粗血管等。煮制时注意添加清水，以防肉块烧焦。

（3）复煮。初煮的原汤过滤除去沉渣和杂质，再放回锅内旺火烧开，按前述配方量加入食盐，把剔骨过的鸡肉放回继续煮制。当用筷子夹肉块稍用力，肌肉纤维即自行松散时，按前述配方量添加白砂糖和黄酒，改文火煮 30 min 左右。汤汁烧干后出锅，将肉块挤压成粗丝

状的肉松坯。

不论是初煮还是复煮，都要不断地撇去浮油和污沫。整个煮制过程中，尤其是复煮汤汁快干时要不停地用铲子上下翻动，以免糊锅焦化。

（4）炒松、搓松。将大锅刷净，放进肉松坯，前期用文火，后期用微火精心焙炒。炒到一定程度时，出锅在木质搓板上用手反复搓揉，然后再入锅焙炒。如此反复几次，直到肌肉纤维呈蓬松的絮状。该步骤是决定鸡肉松成品质量的关键，要不断积累经验，掌握好焙炒的温度、时间及搓松时的用力程度。

（5）整理。成品肉松应色泽洁白微黄，纤维疏松呈绒丝状，松软且富有弹性，鲜香可口，咸甜适中。可将其置于竹筐上，边翻动边撕散个别较粗的肌肉，拣去骨屑、焦屑及杂质等。摊凉后按 50 g 或 100 g、250 g 等不同规格，取食品薄膜袋或透明塑料盒密封包装即可。

三、肉脯加工

肉脯是烘干的肌肉薄片，与肉干的加工不同之处在于不经过煮制。我国已有 50 多年制作肉脯的历史，全国各地均有生产，加工方法稍有差异，但成品一般均为长方形薄片，厚薄均匀，为酱红色，干爽香脆。

（一）上海猪肉脯的加工工艺

1. 配料标准

主料：猪瘦肉 5 kg。

辅料：精盐 125 g，无色酱油 50 g，白糖 700 g，高粱酒 125 g，红米粉 50 g，五香粉 10 g，硝酸钠微量。

2. 加工方法

（1）选料整理：选用卫生合格的猪后腿瘦肉，修整后清洗干净，沥去水分，然后送入冷库速冻，至中心温度达 −2 ℃ 时出库，用切片机切成 2 mm 厚的薄片。

（2）拌料、腌制：将精盐、酱油、白糖、高粱酒、红米粉、五香粉、硝酸钠等按比例混合拌匀，加入到猪肉片中搅拌均匀，腌制 30～40 min。其间，每隔 10～20 min 翻拌一次。

（3）烘烤：在铁筛网上先涂一层植物油，放上腌好的肉片，铺平摆匀，送入烘房内，在 40～50 ℃ 温度下，烘烤 30 min 左右。待肉片发硬，达七至八成熟时，将肉片掀起，再烘烤 30～40 min，至肉片发硬、发脆时即可出炉。冷却凉透后，按照一定规格切成长方形薄片，即为成品。

3. 产品特点

片形整齐，规格一致，色泽红润，硬爽酥脆，鲜香味美。

（二）天津牛肉脯的加工工艺

1. 配料标准

主料：牛肉 5 kg。

辅料：精盐 75 g，酱油 250 g，安息香酸钠 10 g，白酒 100 g，白糖 600 g，味精 10 g。

2. 加工方法

（1）原料整理：选用卫生检验合格的新鲜牛肉，以前、后腿瘦肉最好，剔去骨头、筋膜、脂肪等，用清水冲洗干净，边缘修割整齐。

（2）冷冻、切片：将肉块放入冷库或冰柜中冷冻 2～3 h，肉中心温度达 –2 ℃时取出。用切肉机或手工切成长 10 cm、宽(1～1.3) cm 的薄片。

（3）拌料、腌制：将白糖、白酒、精盐、味精、安息香酸钠等混合均匀，加入牛肉片中，拌和均匀，腌制 12 h。腌制时，每间隔 30 min 拌和一次，使之胶制均匀。

（4）烘烤：在铁筛面上先涂上植物油，然后将腌好的肉片铺放在铁筛上，送入烤房内烘烤，温度 50 ℃左右，烘烤 3～4 h，即为成品。

3. 产品特点

片状整齐，色泽红棕，食而不腻，越嚼越香，别有风味。

实训八　肉干制品加工

【目的要求】
了解干肉制品的加工工艺，掌握肉干、肉脯、肉松的加工方法。

【材料用具】
1. 原料：新鲜牛肉、新鲜猪后腿瘦肉、鸡肉。
2. 用具：剔骨刀、切肉刀、烘炉、煮锅、烘箱、炒松机等。

【方法步骤】

1. 牛肉干加工

（1）原料肉修整：选用新鲜牛肉，除去筋腱、肌膜、肥脂等，切成大小相等的肉块，洗去血污备用。

（2）配料（以 100 kg 牛肉计）：白糖 15 kg，五香粉 250 g，辣椒粉 250 g，食盐 4 kg，味精 300 g，安息香酸钠 50 g，曲酒 1 kg，茴香粉 100 g，特级酱油 3 kg，玉果粉 100 g。

（3）初煮：将牛肉煮至七成熟后取出，置筛上自然冷却（夏天放于冷风库）；然后切成 3.5 cm×2.5 cm 的薄片。要求片形整齐、厚薄均匀。

（4）煮烤：取适量初煮汤，将配料混匀溶解后再将牛肉片加入，烧至汤净肉酥出锅，平铺在烘筛上，60～80 ℃烘烤 4～6 h 即为成品。

2. 肉脯的加工

（1）原料肉修整：选用新鲜猪后腿，去皮拆骨，修尽肥膘、筋膜。将纯精瘦肉装模，置于冷库使肉块中心温度降至 –2 ℃，上机切成 2 cm 厚的肉片。

（2）配料（按猪瘦肉 100 kg 精肉计算）：特级酱油 9.5 kg，白糖 13.5 kg，白胡椒粉 0.1 kg，鸡蛋 3.0 kg，味精 0.5 kg，精盐 2.0 kg。

（3）拌料：将配料混匀后与肉片拌匀，腌制 50 min。在不锈钢丝网上涂上植物油后，平铺上腌好的肉片。

（4）烘烤：肉片铺好后送入烘箱内，保持烘箱温度 80～55 ℃，烘约 5～6 h 便成干坯。

冷却后移入空心烘炉内，150 ℃烘烧至肉坯表面出油，呈棕红色为止。烘好的肉片用压平机压平，切成 120 mm × 80 mm 的长方形即为成品。

3. 肉松的加工

（1）原料肉整理：选用猪后腿瘦肉为原料，剔去皮、骨、肥肉及结缔组织后，切成 1.0 ~ 1.5 kg 左右的肉块。

（2）配料（按猪瘦肉 100 kg 精肉计算）：红酱油 7.0 kg，白砂糖 11 kg，白酱油 7.0 kg，50 度高粱酒 0.28 kg，味精 0.17 kg，精盐 1.7 kg。

（3）煮烧：将肉与香辛料下锅煮烧 2.5h 左右至熟烂，撇去油筋及浮油，加入酱油、高粱酒，煮至汤清油尽时加入蔗糖、味精，调节温度收汁。煮烧共计 3h 左右。

（4）炒松：收汁后移入炒松机炒松至肌纤维松散，色泽金黄，含水量小于 20% 即可。再经擦松、跳松、拣松后即可包装。

（5）包装：炒松结束后趁热装入塑料袋或马口铁听。

【实训作业】

按实际操作过程写出实习报告（包括实训内容、产品加工要点、结果分析）。

思 考 题

1. 试述食品干制的方法及原理。

2. 肉干、肉松和肉脯在加工工艺上有何显著不同？

3. 肉松和油松的同异主要表现在哪几个方面？

模块二　乳品加工技术

项目一　乳的成分及性质

【知识目标】掌握乳的成分、化学性质、物理性质。

【技能目标】学会鲜乳的感官鉴定和品质判断。

【素质目标】培养学生解决在鲜乳鉴定过程中出现问题的能力。

任务一　乳的成分

一、乳的基本组成

乳是哺乳动物分娩后由乳腺分泌的一种白色或微黄色的不透明液体。乳的成分十分复杂。其中至少含有上百种化学成分，主要包括水分、脂肪、蛋白质、乳糖、矿物质、维生素、酶类等。牛乳的基本组成见表 2-1-1。

表 2-1-1　牛乳的基本组成

成分	水分	总乳固体	脂肪	蛋白质	乳糖	无机盐
变化范围/%	85.8 ~ 89.5	10.5 ~ 14.5	2.5 ~ 6.0	2.9 ~ 5.0	3.6 ~ 5.5	0.6 ~ 0.9
平均值/%	87.5	13.0	4.0	3.4	4.8	0.8

二、影响牛奶成分的因素

1. 品种

奶牛品种是决定牛奶各成分含量的主要条件。

2. 个体

同一品种的奶牛，即使在同样的饲养管理条件下，奶牛个体之间的差异也会导致牛奶的组成成分有所不同。其主要原因是受遗传的影响，但其差别没有品种间的差别显著。

3. 挤奶间隔

一般情况下，挤奶间隔长则每次产奶量多，但乳脂含量较低；而挤奶间隔时间短则乳脂含量高。如每天挤 2 次奶，在其间隔为 9 h 和 15 h 时，乳脂率分别为 4.6% 和 3.0%。但若将每天 2 次挤奶改为 3 次，每天产奶总量可增加 10%，故适当增加挤奶次数可增加产奶量。以挤奶时间来说，如采取间隔 12 h，并在中午和半夜挤奶，则时间对产奶没什么影响。但如采取午前 6 点和午后 6 点挤奶，则早晨产奶量较傍晚产奶量多，而乳脂率则正相反。

4. 挤奶中间的变化

同一次挤奶中，开始时挤的奶乳脂率最低，随后逐渐增加，到挤奶结束时乳脂含量最高，差别很显著；但蛋白质与无脂干物质含量没有多大变化。

5. 泌乳期

奶牛分娩后开始泌乳，泌乳期大约为 10 个月。乳的组成成分随泌乳期的不同而发生变化。初乳中除乳糖含量较低外，其他干物质含量均比常乳高；而在泌乳末期，除了乳汁中的乳脂小幅度增高外，其他干物质含量也均较常乳升高。

6. 年龄的影响

母牛随着年龄的增长，其产奶量及乳脂含量也增加，至 5~7 胎达最高点，但乳脂率并未显著增加。

7. 饲料的影响

采用适宜的饲料喂奶牛可以提高产奶量和奶中干物质的含量，但对乳脂及其他成分影响不大，特别是喂含蛋白质丰富的饲料时，产奶量增加，但对牛奶的组成成分没有明显影响。如多喂大豆之类的饲料，乳脂有增加的趋势，但这种影响是暂时的。

长期喂料不足的奶牛与喂料充足的奶牛相比，不仅产奶量显著降低，乳脂率也下降。如奶牛长时期缺乏营养，恢复营养后其奶中大部分成分可以达到原有水平，但奶中蛋白质的含量不容易完全恢复。

8. 季节影响

牛奶的组成成分随季节而异，通常在夏季乳脂率较低，冬季有升高的倾向。有人曾用 2 年时间调查了季节对荷斯坦牛（340 头）产奶的影响。结果表明：

（1）产奶量从 1~6 月份逐渐增加，之后逐渐下降，10~11 月份最低。

（2）乳脂含量在 10 月份最高，以后逐渐下降，到 6 月份含量最低。

（3）总干物质及无脂干物质 3~4 月份最低，无脂干物质 5~6 月份最高，总干物质 10 月份最高。

9. 环境温度

气温在 4~21 ℃ 范围内，环境温度对奶牛产奶量及牛奶的成分几乎没有影响；在 21~27 ℃ 的气温下，奶牛的产奶量逐渐减少，乳脂率降低；气温达到 27 ℃ 以上时，产奶量降低更为显著，但乳脂率却增加，无脂干物质通常会下降。

10. 疾病

奶牛患病后，首先是产奶量降低，同时牛奶的组成成分也发生变化。奶牛最常见的疾病是乳房炎，奶牛患乳房炎后其乳脂变化不甚规律，但无脂干物质降低。一般来说，奶牛体温升高时，其产奶量和奶中无脂干物质含量均降低；体温不升高的疾病，其产奶量虽减少，但对乳的组成成分没有多大影响。

任务二　乳中化学成分的性质

一、水分

水分是乳中的主要组成部分，约占 87% ~ 89%。乳中的水分可分为自由水、结合水、膨胀水和结晶水。自由水是乳中的主要水分，即一般的常水，具有常水的性质，而结合水、膨胀水和结晶水则不同，在乳中具有特别的性质和作用。结合水约占 2% ~ 3%，无溶解其他物质的特性，在通常水结冰的温度下并不结冰。在奶粉生产中任何时候也不能得到绝对无水的产品，总要保留一部分结合水。

二、乳脂肪

乳脂质中约有 97% ~ 99% 的成分是乳脂肪，还含有约 1%的磷脂和少量的甾醇、游离脂肪酸、脂溶性维生素等。乳脂肪是中性脂肪，在牛乳中的含量平均为 3.5% ~ 4.5%，是牛乳的主要成分之一。

乳脂肪是由一个分子的甘油和三个分子相同或不同的脂肪酸组成的，形成甘油三酸酯的混合物。乳中脂肪以微小脂肪球的状态分散于乳中，呈一种水包油型的乳浊液。脂肪球表面被脂肪球膜包裹着，使脂肪在乳中保持稳定的乳浊液状态，并使各个脂肪球独立地分散于乳中。

三、乳糖

乳糖 $C_{12}H_{22}O_{11}$ 是一种由乳腺分泌的特有的化合物，其他动植物的组织中不含有乳糖。乳糖属双糖类，牛乳中约含 4.5%，占干物质的 38% ~ 39%。兔乳含乳糖最少（约 1.8%），马乳最多（约 7.6%），人乳含量为 6% ~ 8%。乳的甜味主要由乳糖引起，其甜度约为蔗糖的 1/6。乳糖在乳中全部呈溶解状态。

四、乳蛋白质

牛乳中的蛋白质是牛乳中的主要含氮物质，含量约为 2.8% ~ 3.8%，其中 95% 是乳蛋白质，5%为非蛋白态氮。

乳蛋白质包括酪蛋白、乳清蛋白及少量脂肪球膜蛋白，乳清蛋白中有对热不稳定的乳白蛋白和乳球蛋白，还有对热稳定的小分子蛋白和胨。

牛乳酪蛋白是以酪蛋白胶束状态而存在（其中包含大约 1.2% 的钙和少量的镁），另外再与磷酸钙形成复合体，称作"酪蛋白酸钙-磷酸钙复合体"。其中含酪蛋白酸钙 95.2%，磷酸钙 4.8%。当牛乳中加酸后 pH 达 5.2 时，磷酸钙先行分离，酪蛋白开始沉淀，继续加酸而使 pH 达到 4.6 时，钙又从酪蛋白钙中分离，游离的酪蛋白完全沉淀。在加酸凝固时，酸只和酪蛋白酸钙-磷酸钙作用。所以除了酪蛋白外，白蛋白、球蛋白都不起作用。

原料乳中去除了在 pH4.6 等电点处沉淀的酪蛋白之外，留下的称为乳清蛋白质。约占乳蛋白质的 18%~20%。乳清蛋白分为对热稳定和对热不稳定两大部分。当将乳清煮沸 20 min，pH 为 4.6~4.7 时，沉淀的蛋白质属于对热不稳定的乳清蛋白，约占乳清蛋白的 81%，其中含有乳白蛋白、乳球蛋白以及免疫性球蛋白；当将乳清煮沸 20 min，pH4.6~4.7 时，仍溶解于乳中的乳清蛋白为热稳定性乳清蛋白，它们主要是小分子蛋白和胨类，约占乳清蛋白的 19%。

五、乳中酶类

乳中存在多种酶，其来源有两个途径：一种是由乳腺分泌，为乳中原来就有的酶；另一种是挤乳时落入乳中的微生物代谢所产生的酶。主要有以下三类酶：一是水解酶，包括脂酶、蛋白酶、磷酸酶、淀粉酶、半乳糖酶、溶菌酶等；二是氧化还原酶，包括过氧化氢酶、过氧化物酶、黄嘌呤氧化酶及醛缩酶等；三是还原酶，包括还原酶、氧化酶等。

六、乳中维生素

牛乳中含有几乎所有已知的维生素，特别是维生素 B_2 含量很丰富，但维生素 D 的含量不多，若作为婴儿食品时应予以强化。乳中维生素有脂溶性维生素（如维生素 A、维生素 D、维生素 E、维生素 K）和水溶性维生素（如维生素 B_1、维生素 B_2、维生素 B_6、叶酸、维生素 B_{12}、维生素 C）等两大类。

泌乳期对乳中维生素的含量有直接影响，如初乳中维生素 A 及胡萝卜素的含量均多于常乳。乳中的维生素有的来源于饲料，如维生素 E；有的可通过乳牛的瘤胃中的微生物进行合成，如 B 族维生素。青饲期产的乳与舍饲期产的乳相比，前者维生素的含量更高。

牛乳中维生素的热稳定性不同，维生素 A、维生素 D、维生素 B_1、维生素 B_2、维生素 B_{12}、维生素 B_6 等对热稳定，维生素 C 等热稳定性差。乳在加工过程中维生素往往会遭受一定程度的破坏而损失。

七、乳中的无机物和盐类

无机物也称为矿物质，测定这些物质，通常是先将牛乳蒸发干燥，然后灼烧成灰分，以灰分的量来表示无机物的量。一般牛乳中灰分的含量为 0.3%~1.21%，平均 0.7% 左右。乳中钙的含量较人乳多 3~4 倍，因此牛乳在婴儿胃内所形成的蛋白凝块比较坚硬，不容易消化。乳中的无机物主要有磷、钙、镁、氯、硫、铁、钠、钾等。此外还含有微量元素。这些无机物大部分构成盐类而存在，一部分与蛋白质结合或吸附在脂肪球膜上。

乳中钙磷等盐类的构成及其状态对乳的物理化学性质有很大影响，乳品加工中盐类的平衡成为重要问题。乳中的铜、铁对储藏中的乳制品有促进其发生异常气味的作用。

乳中的矿物质大部分与有机酸和无机酸结合，以可溶性的盐类状态存在。其中最主要的为以无机磷酸盐及有机柠檬酸盐的状态存在，但其中一部分则以不溶性胶体状态分散于乳中，另一部分以蛋白质状态存在。

乳中微量元素具有很重大的意义，尤其对于幼儿机体的发育更为重要。牛乳中铁的含量为 100~900 μg/L，牛乳中铁的含量较人乳少，故人工哺育幼儿时，应补充铁的含量。

任务三　乳的物理性质

一、乳的色泽及光学性质

新鲜正常的乳呈不透明的白色并稍呈淡黄色，称之为乳白色，这是乳的基本色调。乳的色泽是由于乳中酪蛋白胶粒及脂肪球对光的不规则反射的结果。脂溶性胡萝卜素和叶黄素使乳略带淡黄色，水溶性的核黄素使乳清呈萤光性黄绿色。

二、乳的热学性质

冰点：牛乳冰点的平均值为 $-0.525 \sim -0.565$ ℃，平均为 -0.542 ℃。作为溶质的乳糖与盐类是牛乳冰点下降的主要因素。如果在牛乳中掺水，可导致冰点回升。掺水 10%，冰点约上升 0.054 ℃。

沸点：在 101.33 kPa（1 个大气压）下约为 100.55 ℃。

比热：牛乳的比热一般约为 3.89 kJ/(kg·℃)。

三、乳的滋味与气味

乳中的挥发性脂肪酸与其他挥发性物质是构成牛乳滋味、气味的主要成分。牛乳加热后，牛乳特有的香味变得强烈，冷却后减弱。

牛乳容易受到外界各种气味的侵蚀，从而产生异常风味。

1. 正常风味

正常的牛乳具有奶香味且有特殊的风味，这些属于正常味道。

正常风味的乳中含有适量的甲硫醚、丙酮、醛类、酪酸以及微量的游离脂肪酸。据分析，新鲜乳的挥发性脂肪酸中以乙醛与甲酸含量较多，而丙酸、酪酸、戊酸、癸酸、辛酸含量较少。

新鲜纯净的乳稍带甜味，是由于乳中含有乳糖的缘故，此外因其含氯离子还稍带咸味。常乳中的咸味因受乳糖、脂肪、蛋白质的影响，不易察觉，而异常乳中因氯的含量较高，故有较强烈的咸味，如乳房炎乳。乳中的苦味主要来自 Ca、Mg 等离子，而酸味主要是其中的柠檬酸及磷酸产生的。

2. 异常风味

（1）生理异常风味：

① 过度牛乳味。由于脂肪没有完全代谢，是牛乳中的胴体类物质过分增加而引起的。

② 饲料味。主要是由人工饲养时的各种青贮料、芜菁、卷心菜和甜菜等饲料产生的。

③ 杂草味。主要是由大蒜、韭菜、苦艾、猪杂草、毛茛、甘菊产生的。

（2）脂肪分解味。脂肪被脂酶水解后，其中的低级挥发性脂肪酸（如丁酸）或偶碳数的脂肪酸被分离出来而产生脂肪分解味。

比如，限制性乳脂肪水解而产生的游离脂肪酸是产生干酪特征风味的必需物质，但过度的脂肪水解却可导致不良风味的出现，通常原料乳中嗜冷菌菌数在 107 ~ 108 cfu/mL 时即可产生该缺陷。

（3）氧化味。氧化味是乳脂肪氧化产生的不良风味。主要影响因素有：重金属、抗坏血酸、光线、氧、贮藏温度以及饲料、牛乳处理方法和季节等。其中以铜的影响最大，为防止氧化味，可加入乙二胺四乙酸的钠盐使其与铜螯合；将坏血酸增加 3 倍或全部破坏，也可防止氧化。

（4）日光味。牛乳在日光照射下 10 min 后，可检出阳光味，类似焦臭味和羽毛烧焦味。这是由于乳清蛋白受阳光照射后，其中的 VB2 和色氨酸被破坏。

（5）蒸煮味。主要是乳清蛋白的 β-乳球蛋白加热后产生巯基所致。

（6）苦味。牛乳长期冷藏后会产生苦味，是由于嗜冷菌使牛乳产生肽化合物，或者解脂酶使牛乳产生游离脂肪酸所致。

由污染嗜冷菌严重的原料乳生产的酸牛乳和发酵制品也会出现不良风味、苦味、不洁或水果味等质量、风味的缺陷。

（7）酸败味。由于乳发酵过度或使用受污染产乳菌生产的乳制品会产生强烈的酸败味。

奶油受到耐热脂酶的作用也会产生水解酸败，其结果是由于奶油水相中假单胞菌生长而产生酸败或腐败气味。由于高脂肪含量和脂酶易于进入乳晶的奶油相，因此，奶油对嗜冷菌脂酶敏感。嗜冷菌在奶油中繁殖是导致风味不良的主要原因。

（8）其他异味：麦芽味，不洁味（杂菌污染），水果味，石蜡味，肥皂味（设备清洗不完全），消毒剂味，鱼腥味（与水产品一起贮藏），焦糖味（高温消毒）。

四、乳的密度与比重

乳的比重（相对密度）指乳在 15 ℃ 时的重量与同容积水在 15 ℃ 时的重量之比。正常乳的比重以 15 ℃ 为标准，平均为 d_{15}^{15} = 1.032。

乳的密度是指乳在 20 ℃ 时的质量与同容积水在 4 ℃ 时的质量之比。正常乳的密度平均为 D_4^{20} = 1.030。我国乳品厂都采用这一标准。

换算及校正：在同等温度下，比重和密度的绝对值相差甚微，乳的密度较比重小 0.0019。乳品生产中常以 0.002 的差数进行换算。乳的密度随温度而变化，温度降低，乳密度增高；温度升高，乳密度降低。在 10 ~ 25 ℃ 范围内，温度每变化 1 ℃，乳的密度就相差 0.0002（牛乳乳汁计读数为 0.2）。乳品生产中换算密度时即以 20 ℃ 为标准，乳的温度每高出 1 ℃，密度值就要加上 0.0002（即牛乳乳汁计读数加上 0.2）；乳的温度每降低 1 ℃，密度值就要减去 0.0002（即牛乳乳汁计读数减去 0.2）。

刚挤出来的乳在放置 2 ~ 3 h 后，其密度升高 0.001 左右，这是由于气体的逸散及脂肪的凝固使容积发生变化的结果。

五、乳的酸度与 pH

乳蛋白分子中含有较多的酸性氨基酸和自由的羧基，而且受磷酸盐等酸性物质的影响，所以乳是偏酸性的。

新鲜乳的酸度称为固有酸度或自然酸度，这种酸度与贮存过程中因微生物繁殖所产生的酸无关。挤出后的乳在微生物的作用下产生乳酸发酵，导致乳的酸度逐渐升高。由于发酵产酸而升高的这部分酸度称为发酵酸度。自然酸度和发酵酸度之和称为总酸度。一般条件下，乳品生产中所测定的酸度就是总酸度。

乳品工业中的酸度，是指以标准碱液用滴定法测定的滴定酸度。我国《乳、乳制品及其检验方法》中就规定酸度检验以滴定酸度为标准。

滴定酸度亦有多种测定方法及其表示形式。我国滴定酸度用吉尔涅尔度，简称"°T"或乳酸百分率（％）来表示。

1. 吉尔涅尔度（°T）

定义：取 10 mL 牛乳，用 20 mL 蒸馏水稀释，加入 0.5% 的酚酞指示剂 0.5 mL，以 0.1 mol/L 溶液滴定，将所消耗的 NaOH 毫升数乘以 10，即为中和 100 mL 牛乳所需的 0.1 mol/L NaOH 毫升数，每毫升为 1°T，也称 1 度（乳品生产中以滴定所消耗的 NaOH 毫升数直接读数：每消耗 1 mL 为 10°T）。

正常乳的自然酸度为 16~18°T。自然酸度主要由乳中的蛋白质、柠檬酸盐、磷酸盐及 CO_2 等酸性物质所构成，其中 3~4°T 来源于蛋白质，2°T 来源于 CO_2，10~12°T 来源于磷酸盐和柠檬酸盐。

2. 乳酸度（％）

测定时，取 100 mL 牛乳，用蒸馏水 2：1 稀释，然后加 2 mL 酚酞指示剂，再用 0.1 mol/L 氢氧化钠溶液进行滴定，滴定后按下述公式计算乳酸（％）含量。日本、美国常用此法。

乳酸(%) = 0.1 mol/L 氢氧化钠溶液消耗量(mL) × 0.009 × 100/10 mL × 牛乳相对密度

3. 乳的 pH

若从酸的含义出发，酸度可用氢离子浓度（pH）表示。pH 为离子酸度或活性酸度。正常新鲜牛乳的 pH 为 6.4~6.8，一般酸败乳或初乳的 pH 在 6.4 以下，乳房炎乳或低酸度乳 pH 在 6.8 以上。

思 考 题

1. 牛乳的主要化学成分有哪些？
2. 试述牛乳的物理性质及其对鉴定牛乳品质的作用。
3. 简述牛乳中的无机物的种类及存在状态。
4. 简述牛乳中乳脂肪的存在状态。
5. 乳糖有何营养功效？

项目二　消毒乳加工

【知识目标】　了解消毒乳的概念，了解消毒乳的分类，掌握消毒乳的加工工艺。

【技能目标】　熟知消毒乳所用原料的验收操作及质量标准，知道消毒乳的不同杀菌方法。

【素质目标】　培养学生乳品质量意识，提高学生对产品质量安全管理的能力。

任务一 消毒乳的概念和种类

一、消毒乳的概念

消毒乳又称杀菌乳，是指以新鲜牛乳、稀奶油等为原料，经净化、杀菌、均质、冷却、包装后，直接供应消费者饮用的商品乳。

二、消毒乳的种类

（一）按原料成分可将消毒乳分为五类

（1）普通全脂消毒乳：以合格鲜乳为原料，不加任何添加剂而加工成的消毒鲜乳。

（2）脱脂消毒奶：将鲜牛乳中的脂肪脱去或部分脱去而制成的消毒奶。

（3）强化牛乳：把加工过程中损失的营养成分和日常食品中不易获得的成分加以补充，使成分加以强化的牛乳。

（4）复原乳：也称再制奶，是以全脂奶粉、浓缩乳、脱脂奶粉和无水奶油等为原料，经混合溶解后制成与牛乳成分相同的饮用乳。

（5）花色牛乳：以牛乳为主要原料，加入其他风味食品，如可可、咖啡、果汁（果料），再加以调色、调香而制成的饮用乳。

（二）按杀菌强度分可分为四类

（1）低温杀菌（LTLT）牛乳：也称保温杀菌乳。牛乳经 62~65 ℃、30 min 保温杀菌。

（2）高温短时间（HTST）杀菌乳：通常采用 72~75 ℃、15 s 杀菌，或采用 75~85 ℃、15~20 s 杀菌。

（3）超高温杀菌（UHT）乳：一般采用 120~150 ℃、0.5~8 s 杀菌。

（4）灭菌牛乳：可分为两类，一类为灭菌后无菌包装；另一类为把杀菌后的乳装入容器中，再用 110~120 ℃、10~20 min 加压灭菌。

任务二 巴氏消毒乳加工

一、工艺流程

巴氏杀菌是通过热处理尽可能地将来自于牛乳中的病原性微生物的危害降至最低，同时保证制品中化学、物理和感官的变化最小。

一般巴氏消毒乳的生产工艺流程如下所示：

原料乳的验收 → 缓冲缸 → 净乳 → 标准化 → 均质 → 巴氏杀菌 → 灌装 → 冷藏

二、操作要点

（一）原料乳的验收

原料奶验收是生产环节中的第一要素。原料乳的质量将直接影响到产品质量的好坏，所以必须严格控制原料乳的质量。优质的奶源是生产出优质产品的前提条件，企业应建立原料奶验收的标准，并严格按标准执行。原料奶验收中应做的项目有酒精实验、酸度测定、脂肪测定、蛋白质测定、抗生素检测、菌落总数检测以及掺杂掺假检测等。

（二）过滤与净化

目的是除去乳中的尘埃、杂质。原料乳经验收称量后必须进行过滤或净化。

（三）标准化

原料乳中的脂肪和非脂乳固体的含量随乳牛品种、地区、季节和饲养管理等因素不同而有很大差别。因此，必须对原料乳进行标准化。标准化的目的是为了确定巴氏杀菌乳中的脂肪、蛋白质及乳固体的含量，以满足不同消费者的需求。因此，根据原料奶验收数据计算并标准化，使鲜牛奶理化指标符合国家标准。根据所需巴氏杀菌乳成品的质量要求，需对每批原料乳进行标准化，改善其化学组成，以保证每批成品质量基本一致。食品添加剂和调味辅料必须符合国家卫生标准要求。原料奶标准化所用的原料包括水、全脂奶粉、脱脂乳粉、无水黄油、新鲜稀奶油和乳清浓缩蛋白等，它们可以单独使用或配合使用，此工序可能造成的危害因素有：配料时不慎混入物理性危害物质、操作过程中员工及设备等带来的微生物污染等。在标准化过程中，必须避免细菌、致病菌、杂物和异物的污染，以及管道上的酸碱残留。乳脂肪的标准化方法有以下 3 种：

（1）预标准化。主要是指乳在杀菌之前把全脂乳分离成稀奶油和脱脂乳。如果标准化乳脂率高于原料乳，则需将稀奶油按计算比例与原料乳在罐中混合以达到要求的含脂率。如果标准化乳脂率低于原料乳，则需将脱脂乳按计算比例与原料乳在罐中混合，以达到要求的含脂率。

（2）后标准化。在杀菌之后进行，方法同上，但该法的二次污染可能性大。

（3）直接标准化。这是一种快速、稳定、精确，与分离机联合运作，单位时间内能大量地处理乳的现代化方法。将牛乳加热到 55～65 ℃ 后，按预先设定好的脂肪含量分离出脱脂乳和稀奶油，并根据最终产品的脂肪含量，由设备自动控制回流到脱脂乳中的稀奶油流量，从而达到标准化的目的。

（四）均质

均质是杀菌乳生产中的重要工艺，采用板式热交换器将预热温度升至 65～70 ℃，均质压力调至 16～18 MPa。通过均质，可减小乳中的脂肪球直径，防止脂肪上浮，便于牛奶中营养成分的吸收。均质工序可能造成的危害因素有：均质机清洗不彻底造成的微生物污染、均质机清洗剂的残留、均质机泄露造成的机油污染等。

（五）巴氏杀菌

巴氏杀菌的温度和持续时间是关系到牛奶的质量和保存期的重要因素，必须准确掌握。加热形式很多，一般牛奶高温短时巴氏杀菌的温度通常为 75 ℃、持续 15～20 s，或 80～85 ℃、10～15 s。如果巴氏杀菌太强烈，牛奶会有蒸煮味和焦糊味。

（六）冷却

杀菌后的牛乳应尽快冷却至 4 ℃，冷却速度越快越好。其原因是牛乳中的磷酸酶对热敏感，不耐热，易钝化（63 ℃/20 min 即可钝化）。

（七）灌装、封盖及冷藏

生产好的消毒乳为方便运输、分类和零售，保证产品质量，要及时进行灌装。以前我国乳品厂采用的灌装容器主要是玻璃瓶和资料瓶。目前已发展为采用塑料夹层纸及铝箔夹层纸和塑料杯等进行包装。

灌装后的消毒乳，送入冷库作销售前的暂存，冷库温度一般为 4~6 ℃。

任务三　灭菌乳加工

一、灭菌乳的概念

灭菌乳是指牛乳在密闭系统里的连续流动中，受 135~150 ℃ 的高温及不少于 1 s 的灭菌处理，杀灭乳中所有的微生物，然后在无菌条件下包装制得的乳制品。

灭菌乳达到商业无菌，无须冷藏，可以在常温下保存。

二、灭菌乳的加工工艺

1. 工艺流程

原料乳→超高温灭菌→无菌平衡贮罐→无菌灌装

2. 操作要点

（1）原料的质量要求：用于生产灭菌乳的牛乳必须新鲜，酸度正常，正常的盐类平衡及正常的乳清蛋白质含量（不得含初乳）。牛乳必须至少在 75% 的酒精浓度中保持稳定。

（2）灭菌。下面以管式间接 UHT 乳生产为例说明灭菌工艺：

① 预热和均质。乳在板式或管式热交换器内被高温灭菌乳预热至 66 ℃（同时高温灭菌乳被冷却），然后经过均质机，在 15~20 MPa 的压力下进行均质。

② 杀菌。牛乳经预热及均质后，进入板式或管式热交换器的加热段，被加压热水系统加热至 137 ℃。热水温度由喷入热水中的蒸汽量控制（热水温度为 139 ℃）。然后，137 ℃ 的热乳进入保温管保温 4 s。

③ 无菌冷却。离开保温管后，灭菌乳进入无菌冷却段，被水冷却。从 137 ℃ 降温至 76 ℃，最后进入回收段，被 5 ℃ 的进乳冷却至 20 ℃。

（3）无菌包装。灭菌乳在无菌条件下被连续地从管道内送往包装机。可供牛乳制品无菌包装的设备主要有：无菌菱形袋包装机、无菌砖形盒包装机、无菌纯包装机、无菌灌装系统等。

为了平衡灭菌机及包装机生产能力的差异，并保证在灭菌机或包装机中间停车时不致于产生相互影响，需要在灭菌机和包装机之间装一个无菌贮罐，起缓冲作用。无菌贮罐的贮存能力一般为 3~20 m³。

任务四 再制乳和花色乳加工

一、再制乳的加工

所谓再制奶就是把几种乳制品，主要是脱脂乳粉和无水黄油，经加工制成液态奶的过程。其成分与鲜奶相似，也可以强化各种营养成分。再制奶的生产克服了自然乳业生产的季节性，保证了淡季乳与乳制品的供应，并可调剂缺乳地区对鲜奶的供应。

（一）原料

1. 脱脂乳粉和无水黄油

脱脂乳粉和无水黄油是再制奶主要原料，其质量的好坏对成品质量有很大影响，必须严格控制质量，贮存期通常不超过 12 个月。

2. 水

水是再制奶的溶剂，水质的好坏直接影响再制奶的质量。金属离子（如 Ca^{2+}、Mg^{2+}）高时，会影响蛋白质胶体的稳定性，故应使用软化水质。

3. 添加剂

再制乳常用的添加剂有：

（1）乳化剂：起稳定脂肪的作用，常用的有磷脂，添加量为 0.1%。

（2）水溶性胶类：可以改进产品外观、质地和风味，形成黏性溶液，兼备黏结剂、增稠剂、稳定剂、填充剂和防止结晶脱水的作用。常用的主要有：阿拉伯树胶、果胶、琼脂、海藻酸盐及半人工合成的水解胶体等。乳品工业中常用的是海藻酸盐，用量为 0.3% ~ 0.5%。

（3）盐类：如氯化钙和柠檬酸钠等，起稳定蛋白质的作用。

（4）风味料：是天然和人工合成的香精，能增加再制奶的奶香味。

（5）着色剂：常用的有胡萝卜素、安那妥等，能赋予制品良好的颜色。

（二）加工方法

1. 全部均质法

先将脱脂奶粉和水按比例混合成脱脂奶，再添加无水黄油、乳化剂和芳香物等，充分混合，然后全部通过均质，再消毒杀菌冷却而成。

2. 部分均质法

先将脱脂奶粉与水按比例混合成脱脂奶，然后取部分脱脂奶，在其中加入所需的全部无水黄油，混成高脂奶。将高脂奶进行均质，再与其余的脱脂奶混合，经消毒、冷却而制成。

3. 稀释法

先用脱脂奶粉、无水黄油等混合制成炼乳，用杀菌水稀释而成。

二、花色乳的加工

（一）原料

制作花色乳的原料包括：

（1）咖啡。咖啡浸出液的提取：可用产品重 0.5%～2% 的咖啡粒，用 90 ℃ 的热水（咖啡粒的 12～20 倍）浸提制取。

（2）可可和巧克力。可可豆制成的粉末，稍加脱脂的称为可可粉，不进行脱脂的称为巧克力粉。巧克力含脂率 50% 以上，不容易分散在水中。可可粉的含脂率通常为 10%～25%，在水中比较容易分散。故生产乳饮料时一般采用可可粉，用量为 1%～1.5%。

（3）甜味料。通常用蔗糖（4%～8%），也可用饴糖或转化糖液。

（4）稳定剂。常用的有海藻酸钠、CMC、明胶等，使用量为 0.05～0.2%。此外，也有使用变性淀粉、胶质混合物的。

（5）果汁。各种水果果汁。

（6）酸味剂。柠檬酸、果酸、酒石酸、乳酸等。

（7）香精。根据产品需要确定香精类型。

（二）配方及工艺

1. 咖啡奶

把咖啡浸出液和蔗糖与脱脂乳混合，经均质、杀菌而制成。

（1）咖啡奶的配方：全脂乳 40 kg，脱脂乳 20 kg，蔗糖 8 kg，焦糖 0.3 kg，咖啡浸提液（咖啡粒为原料的 0.5%～2%）30 kg，香料 0.1 kg，稳定剂 0.05%～0.2%，水 1.6 kg。

（2）加工要点：将稳定剂与少许糖混合后溶于水，与咖啡液充分混合添加到乳等料液中，经过滤、预热、均质、杀菌、冷却后包装。

2. 巧克力奶或可可奶

（1）巧克力奶的配方：全脂乳 80 kg，脱脂奶粉 2.5 kg，蔗糖 6.5 kg，可可（巧克力板）1.5 kg（可可奶使用可可粉），稳定剂 0.02 kg，色素 0.01 kg，水 9.47 kg。

（2）可可奶的加工方法：将 0.2 份的稳定剂与 5 倍的蔗糖混合，然后将 1 份可可粉与剩余的 4 份蔗糖混合，在此混合物中，边搅拌边徐徐加入 4 份脱脂乳，搅拌至组织均匀光滑为止。然后加热到 66 ℃，并加入稳定剂与蔗糖的混合物均质，在 82～88 ℃ 温度下加热 15 min 杀菌，冷却到 10 ℃ 以下进行灌装。

3. 果汁牛奶及果味牛奶

果汁牛奶是以牛奶和水果汁为主要原料；果味奶是以牛奶为原料加酸味剂调制而成的花色奶。其共同特点是产品呈酸性，因此生产的技术关键是乳蛋白质在酸性条件下的稳定性，需要适当的配制方法、选择适当的稳定剂并进行完全的均质。

思 考 题

1. 简述消毒乳的种类及特点。
2. 简述杀菌方法的种类及特点。
3. 简述消毒牛乳的加工工艺。
4. 什么是无菌包装？
5. 什么是灭菌乳？

项目三 酸乳加工

【知识目标】 了解酸乳的概念和生产工艺，掌握酸乳所用原料的选择和微生物培养。

【技能目标】 能够对酸乳所用原料及成品进行质量检验，知道酸乳生产过程中各关键控制点的操作要求。

【素质目标】 培养学生酸乳的品质意识，提高学生对产品质量安全管理的能力。

任务一 酸乳概述

一、酸奶的营养价值

酸奶有以下营养价值和优点：

（1）酸乳制品营养丰富，它具有原料乳所提供的所有营养价值，而且优于原料乳。

（2）调节人体肠道中的微生物菌群平衡，抑制肠道有害菌的生长。

（3）降低胆固醇水平，大量进食酸乳可以降低人体胆固醇水平。

（4）合成某些抗菌素，提高人体的抗病能力。

（5）缓解"乳糖不耐受症"。

（6）常饮酸乳还有美容、润肤、明目、固齿等作用。

二、酸奶的定义及分类

（一）酸奶的定义

联合国粮食与农业组织（FAO）、世界卫生组织（WHO）与国际乳品联合会（IDF）于1977年对酸乳作出如下定义：酸乳即在添加（或不添加）乳粉（或脱脂乳粉）的乳中（杀菌乳或浓缩乳），由于保加利亚乳杆菌和嗜热链球菌的作用进行乳酸发酵制成的凝乳状产品，成品中必须含有大量的、相应的活性微生物。

（二）酸奶的分类

1. 按成品的组织状态分类

（1）凝固型酸乳：其发酵过程在包装容器中进行，从而使成品因发酵而保留其凝乳状态。

（2）搅拌型酸乳：成品先发酵后灌装而得。发酵后的凝乳已在灌装前和灌装过程中搅碎而成黏稠状组织状态（因此得其名）。

2. 按成品口味分类

（1）浓缩酸乳：这是一种将正常酸乳中的部分乳清除去而得到的浓缩产品。

（2）冷冻酸乳：这是一类在酸乳中加入果料、增稠剂或乳化剂，然后进行凝冻处理而得到的产品。

（3）充气酸乳：发酵后，在酸乳中加入部分稳定剂和起泡剂（通常是碳酸盐），经均质处理即得这类产品。这类产品通常是以充 CO_2 的酸乳碳酸饮料的形式存在。

（4）酸乳粉：通常使用冷冻干燥法或喷雾干燥法将酸乳中约95%的水分除去而制成酸乳粉。

3. 按菌种种类分类

（1）酸乳：通常仅指用保加利亚乳杆菌和嗜热链球菌发酵而得的产品。

（2）双歧杆菌酸乳：酸乳菌种中含有双歧杆菌，如法国的"Bio"，日本的"Mil-Mil"。

（3）嗜酸乳杆菌酸乳：酸乳菌种中含有嗜酸乳杆菌。

（4）干酪乳杆菌酸乳：酸乳菌种中含有干酪乳杆菌。

三、酸乳生产用原料

酸乳生产所用原料主要是原料奶、奶粉、甜味剂、稳定剂、发酵剂、香精、果料等。

任务二　发酵剂的选择与制备

根据 FAO 关于酸乳的定义，酸乳中的特征菌为嗜热链球菌和保加利亚乳杆菌。

一、发酵剂的概念与种类

所谓发酵剂是指生产发酵乳制品时所用的特定微生物培养物。通常用于乳酸菌发酵的发酵剂有三个阶段，即三种类型：

（1）乳酸菌纯培养物，即一级菌种，一般多接种在脱脂乳、乳清、肉汁等培养基中，或者用升华法制成冻干粉状菌苗（能较长时间保存并维持活力）。

当生产单位取到菌种后，即可将其移植于灭菌脱脂乳中，恢复其活力以供生产需要。实际上一级菌种的培养就是纯乳酸菌种转种培养、恢复活力的一种手段。

（2）母发酵剂，即一级菌种的扩大再培养，是生产发酵剂的基础。母发酵剂的质量优劣直接关系到生产发酵剂的质量。

（3）生产发酵剂：母发酵剂的扩大再培养，是直接用于实际生产的发酵剂。

二、发酵剂的选择

选择质量优良的发酵剂应从以下几方面考虑：

（1）产酸能力。不同的发酵剂产酸能力会有很大的不同。判断发酵剂产酸能力的方法有两种，即测定酸度和产酸曲线。产酸能力强的发酵剂在发酵过程中容易导致产酸过度和后酸化过强，所以生产中一般选择产酸能力中等或弱的发酵剂。

（2）后酸化。后酸化是指酸乳生产中终止发酵后，发酵剂菌种在冷却和冷藏阶段仍能继续缓慢产酸，它包括三个阶段：从发酵终点（42 ℃）冷却到 19 ℃ 或 20 ℃ 时酸度的增加；从 19 ℃ 或 20 ℃ 冷却到 10 ℃ 或 12 ℃ 时酸度的增加；在冷库中冷藏阶段酸度的增加。在酸乳的生产中应选择后酸化尽可能弱的发酵剂，以便控制产品质量。

（3）产香性。一般酸乳发酵剂产生的芳香物质为乙醛、丁二酮、丙酮和挥发性酸。

（4）黏性物质的产生。发酵剂在发酵过程中产生黏性物质有助于改善酸乳的组织状态和黏稠度，特别是酸乳干物质含量不太高时显得尤为重要。但一般情况下产黏发酵剂往往对酸乳的发酵风味会有不良影响，因此选择这类菌株时最好和其他菌株混合使用。

（5）蛋白质的水解性。乳酸菌的蛋白水解活性一般较弱，如嗜热链球菌在乳中只表现出很弱的蛋白水解活性，保加利亚乳杆菌则可表现出较高的蛋白水解活性，能将蛋白质水解，产生大量的游离氨基酸和肽类。

三、发酵剂的制备

制备发酵剂最常用的培养基是脱脂奶，但也可用特级脱脂奶粉按 9% ~ 12% 的干物质制成的再制脱脂奶替代。

中间发酵剂和生产发酵剂的制备工艺与母发酵剂的制备工艺基本相同。它包括以下步骤：

（1）培养基的热处理，即把培养基加热到 90 ~ 95 ℃，并在此温度下保持 30 ~ 45 min。热处理能改善培养基的一些特性：破坏噬菌体；消除抑菌物质；蛋白质发生一些分解；排除了溶解氧；杀死原有的微生物。

（2）冷却至接种温度。加热后，培养基冷却至接种温度。接种温度根据使用的发酵剂类型而定。常见的接种温度范围：嗜温型发酵剂为 20 ~ 30 ℃；嗜热型发酵剂为 42 ~ 45 ℃。

（3）加入发酵剂。要求接种时确保发酵剂的质量稳定，接种量、培养温度和培养时间在所有阶段都必须保持不变。

（4）培养。培养时间一般为 3 ~ 20 h。最重要的一点是温度必须严格控制，不允许污染源与发酵剂接触。在酸奶生产中，以 2.5% ~ 3% 的接种量和 2 ~ 3 h 的培养时间，要达到球菌和杆菌 1:1 的比率，最适接种和培养的温度为 43 ℃。在培养期间，制备发酵剂的人员要定时检查酸度的发展情况，并随程序要求检查以获得最佳效果。

（5）冷却。当发酵达到预定的酸度时开始冷却，以阻止细菌的生长，保证发酵剂具有较高活力。当发酵剂要在 6 h 之内使用时，经常把它冷却至 10 ~ 20 ℃ 即可。如果贮存时间超过 6 h，建议把它冷却至 5 ℃ 左右。

（6）贮存。贮存发酵剂的最好办法是冷冻，温度越低，保存时间越长。用液氮冷冻到 − 160 ℃ 来保存发酵剂效果更好。目前的发酵剂包括浓缩发酵剂、深冻发酵剂、冷冻干燥发酵剂，在推荐的冷冻条件下能保存相当长的时间。

四、发酵剂的质量控制

（一）感官检查

对液态发酵剂首先检查其组织状态、色泽及有无乳清分离等；其次检查凝乳的硬度；然后品尝酸味与风味，看其有无苦味和异味等。

（二）活力测定

常用的测定发酵剂活力的方法如下：

（1）酸度测定。在灭菌冷却后的脱脂乳中加入 3% 的待测发酵剂在 37.8 ℃ 恒温箱中培养 3.5 h，然后取出，加入两滴 1% 酚酞指示剂，用 NaOH 的标准溶液滴定，若乳酸度达 0.8%

以上表示活力良好。

（2）刃天青还原试验。在 9 mL 脱脂乳中加入 1 mL 发酵剂和 0.005% 的刃天青溶液 1 mL，在 36.7 ℃ 的恒温箱中培养 35 min 以上，如刃天青溶液完全褪色表示发酵剂活力良好。

任务三　酸乳的加工

一、凝固型酸乳的加工

1. 工艺流程

乳酸菌纯培养物→母发酵剂→生产发酵剂
↓
原料乳预处理→标准化→配料→预热→均质→杀菌→冷却→加发酵剂→半瓶→冷却→后熟→冷藏

2. 工艺要点

（1）调味、包装。香精可以在牛乳包装以前连续地按比例加入。如果需要添加带颗粒的果料或添加剂，应该在灌装接种的牛乳之前先定量地加到包装容器中，然而必须注意，低 pH 的添加剂会对发酵产生影响。

（2）培养和冷却。灌装后，产品装入箱中，然后运到发酵室中进行发酵，在发酵终了后冷却。

① 培养。灌装后的包装容器放入敞口的箱子里，互相之间留有空隙，使培养室的热气和冷却室的冷气能到达每一个容器。箱子堆放在托盘上送进培养室。在准确控制温度的基础上，能够保证质量的均匀一致。

② 冷却。当酸奶发酵至最适 pH（典型的为 4.5）时，开始冷却，正常情况下降温到 18 ~ 20 ℃，这时的关键是要立刻阻止细菌的进一步生长，也就是说，在 30 min 内温度应降至 35 ℃ 左右，在接下来的 30 ~ 40 min 内把温度降至 18 ~ 20 ℃，最后在冷库把温度降至 5 ℃。

（3）冷藏后熟。冷藏温度一般在 2 ~ 7 ℃，冷藏过程的 24 h 内，风味物质会继续产生，而且多种风味的物质相互平衡，形成了酸乳的特征风味，通常把这个阶段称为后成熟期。一般 2 ~ 7 ℃ 下酸乳的贮藏期为 7 ~ 14 d。

二、搅拌型酸奶的加工

1. 工艺流程

蔗糖、添加剂等
↓
验收→过滤→配料搅拌→预热(53 ~ 60 ℃)→均质(25 MPa)→杀菌(90 ℃、5 min)→冷却
(45 ℃)→接种(3% ~ 5%)→发酵(41 ~ 44 ℃、2.5 ~ 4.0 h)→冷却
　　　　　　　　　↓　　　　　　　　　　　　　　　　　　　　↓
　　生产发酵剂←母发酵剂←乳酸菌培养物　　　搅拌混合→灌装→冷却后熟(5 ~ 8 ℃)

2. 工艺要点

（1）发酵。典型的搅拌型酸奶生产的温度条件和培养时间为 42 ~ 43 ℃、2.5 ~ 3 h。典型的酸奶菌种继代时间在 20 ~ 30 min 之间。为了获得最佳产品，当 pH 达到理想的值时，必须终止细菌发酵，产品的温度应在 30 min 内从 42 ~ 43 ℃ 冷却至 15 ~ 22 ℃。用浓缩、冷冻和冻干菌种直接加入酸奶培养罐时培养的温度条件和时间为 43 ℃、4 ~ 6 h（考虑到其迟滞期较长）。

（2）凝块的冷却。在培养的最后阶段，已达到所需的酸度时（pH 为 4.2 ~ 4.5），酸奶必须迅速降温至 15 ~ 22 ℃，这样可以暂时阻止酸度的进一步增加。同时为确保成品具有理想的黏稠度，对凝块的机械处理必须柔和。冷却是在具有特殊板片的板式热交换器中进行，这样可以保证产品不受强烈的机械搅动。为了确保产品质量均匀一致，泵和冷却器的容量应恰好能在 20 ~ 30 min 内排空发酵罐。如果发酵剂使用的是其他类型并对发酵时间有影响，那么冷却时间也应相应变化。

（3）搅拌。通过机械力破碎凝胶体，使凝胶体的粒子直径达到 0.01 ~ 0.4 mm，并使酸乳的硬度和黏度及组织状态发生变化。搅拌过程中应注意既不可速度过快，又不可时间过长。

（4）调味。冷却到 15 ~ 22 ℃ 以后，酸奶就准备包装。果料和香料可在酸奶从缓冲罐到包装机的输送过程中加入，通过一台可变速的计量泵连续地把这些成分打到酸奶中，经过混合装置混合，保证果料与酸奶彻底混合。果料计量泵与酸奶给料泵是同步运转的。

对带固体颗粒的果料或整个浆果进行充分的巴氏杀菌时，可以使用刮板式热交换器或带刮板装置的罐。杀菌温度应能钝化所有有活性的微生物，而不影响水果的味道和结构。热处理后的果料在无菌条件下灌入灭菌的容器中是十分重要的，发酵乳制品经常由于果料没有足够的热处理引起再污染而导致产品腐败。

（5）包装。包装酸奶的包装机类型很多，包装材料也五花八门。市场上的产品包装体积也各不相同，生产要求包装能力与巴氏杀菌容量要匹配，以使整个车间获得最佳的生产条件。

实训九　酸奶加工

【目的要求】

了解酸奶的加工工艺，掌握酸奶的加工方法。

【材料用具】

1. 原料：鲜奶 10 kg，蔗糖 1 kg，发酵剂 500 g。
2. 用具：小玻璃瓶，三角瓶，发酵罐，恒温箱。

【方法步骤】

1. 发酵剂制备

发酵剂制备分为以下三个阶段：

（1）乳酸菌纯培养物的制备：乳酸菌纯培养物一般为粉末状的干燥菌，密封于小玻璃瓶内。具体方法为：取新鲜不含抗菌素和防腐剂的奶，经过滤、脱脂，分装于 20 mL 的试管中，经 120 ℃、15 ~ 20 min 灭菌处理后，在无菌条件下接种，放在菌种适宜温度下培养 12 ~ 14 h，取出再接种于新的试管中培养，如此继续 3 ~ 4 代之后，即可使用。

（2）母发酵剂的制备：取 200 ~ 300 mL 的脱脂乳装于 300 ~ 500 mL 的三角瓶中，在

120 ℃、15～20 min 的条件下灭菌，然后取相当于脱脂乳量 3% 的已活化的乳酸菌纯培养物在三角瓶内接种培养 12～14 h，待凝块状态均匀、稠密，在微量乳清或无乳清分离时即可用于制造生产发酵剂。

（3）生产（工作）发酵剂的制备：基本方法与母发酵剂制备相同，只是生产（工作）发酵剂量较大，一般采用 500～1 000 mL 三角瓶或不锈钢制的发酵罐进行培养，并且培养基宜采用 90 ℃、30～60 min 的杀菌方式。通常制备好的生产（工作）发酵剂应尽快使用，也可保存于 0～5 ℃的冰箱中待用。

2. 工艺流程

（1）原料奶验收与处理：生产酸奶所需要的原料奶要求酸度在 18 °T 以下，脂肪大于 3.0%，非脂乳干物大于 8.5%，并且奶中不得含有抗菌素和防腐剂，并经过滤。

（2）加蔗糖：蔗糖添加剂量一般为 68%，最多不能超过 10%。具体办法是在少量的原料奶中加入糖加热溶解，过滤后倒入原料奶中混匀即可。

（3）杀菌冷却：将加糖后的奶盛在铝锅中，然后置入 90～95 ℃的水浴中。当奶上升到 90 ℃时，开始计时，保持 10 min 之后立即冷却到 40～45 ℃。

（4）添加发酵剂：将制备好的生产发酵剂（保加利亚乳杆菌：嗜热链球菌=1∶1）搅拌均匀，用纱布过滤徐徐加入到杀菌冷却后的奶中，搅拌均匀。一般添加量为原料奶的 3%～5%。

（5）装瓶：将酸奶瓶用水浴煮沸消毒 20 min，然后将添加发酵剂的奶分装于酸奶瓶中，每次不能超过容器的 4/5。装好后用腊纸封口，再用橡皮筋扎紧即可进行发酵。

（6）发酵：将装瓶的奶置于恒温箱中，在 40～45 ℃条件下保持 4 h 左右，至奶基本凝固为止。

（7）冷藏：发酵完全后，置于 0～5 ℃的冷库或冰箱中冷藏 4 h 以上，使奶进一步产生香气且有利于乳清吸收。

思 考 题

1. 试述发酵乳的种类及营养特点。
2. 怎样制备发酵剂？
3. 如何进行发酵剂的质量检查？
4. 简述酸乳的加工方法。
5. 简述搅拌型酸乳的加工方法。

项目四 奶粉加工

【知识目标】 了解乳粉的概念和生产工艺，掌握乳粉加工所用设备的类型及使用原理。

【技能目标】 熟知乳粉生产过程中各类关键控制点的操作要求。

【素质目标】 结合乳粉生产工艺，培养学生分析问题、解决问题的能力。

任务一　乳粉概述

一、乳粉的概念

乳粉是以鲜牛乳为原料，或以新鲜牛乳为主要原料，添加一定数量的植物或动物蛋白、脂肪、维生素、矿物质等配料，通过冷冻或加热的方法除去乳中几乎全部的水分，干燥而成的粉末。

二、乳粉的种类及化学组成

（一）乳粉的种类

（1）全脂乳粉：是以鲜牛乳经标准化、杀菌、浓缩、干燥制成的粉末状产品。

（2）脱脂乳粉：以脱去脂肪的脱脂乳为原料加工制成的粉末状产品，脱脂乳粉一般都不加砂糖。

（3）加糖乳粉：在乳原料中加入一定量的砂糖、葡萄糖或乳糖经干燥加工而成。

（4）调制乳粉：在乳原料中添加各种人体需要的营养素（如钙、铁或生物活性成分）经干燥加工而成。

（5）速溶乳粉：在乳粉干燥工序上调整工艺参数或用特殊干燥法加工而成。

（6）乳油粉：在鲜乳中添加一定比例的稀奶油或在稀奶油中添加部分鲜乳后加工而成。

（7）酪乳粉：利用制造奶油时的副产品酪乳制造的乳粉。

（8）乳清粉：将制造干酪或干酪素的副产品乳清为原料进行干燥制成的粉状物。

（9）麦精乳粉：在鲜乳中添加麦芽、可可、蛋类、饴糖、乳制品等经干燥加工而成。

（10）冰淇淋粉：鲜乳中配以适量的香料、蔗糖、稳定剂及部分脂肪等经干燥加工而成。

（二）乳粉的化学组成

乳粉的化学组成随原料乳的种类及添加料等的不同而有所差别，如表 2-4-1 所示。

表 2-4-1　各种乳粉的化学成分平均值　　　　　　　　单位：%

品　种	水　分	脂　肪	蛋白质	乳　糖	无机盐	乳　酸
全脂乳粉	2.00	27.00	26.50	38.00	6.05	0.16
脱脂乳粉	3.23	0.88	36.89	47.84	7.80	1.55
乳油粉	0.66	65.15	13.42	17.86	2.91	—
甜性酪乳粉	3.90	4.68	35.88	47.84	7.80	1.55
酸性酪乳粉	5.00	5.55	38.85	39.10	8.40	8.62
干酪乳清粉	6.10	0.90	12.50	72.25	8.97	—
干酪素乳清粉	6.35	0.65	13.25	68.90	10.50	—
脱盐乳清粉	3.00	1.00	15.00	78.00	2.90	0.10
婴儿乳粉	2.60	20.00	19.00	54.00	4.40	0.17
麦精乳粉	3.29	7.55	13.10	72.40	3.66	—

任务二 全脂乳粉的加工

一、全脂乳粉的生产工艺流程

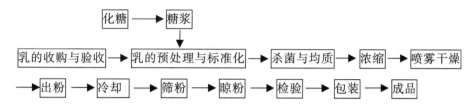

二、全脂乳粉的生产操作要点

（一）原料乳的验收

鲜乳验收后如不能立即加工，需贮存一段时间，必须净化后经冷却器冷却到 4 ~ 6 ℃，再打入贮槽进行贮存。牛乳在贮存期间要定期搅拌和检查温度及酸度。

（二）原料乳的标准化

当原料乳中含脂率较高时，可调整净乳机或离心分离机分离出一部分稀乳油；如果原料乳中含脂率低，则要加入稀奶油，使成品中含有 25% ~ 30% 的脂肪。一般工厂将成品的脂肪控制在 26% 左右。

（三）杀菌

通过杀菌可消除或抑制细菌的繁殖及解脂酶和过氧化物酶的活性。不同的产品可根据本身的特性选择合适的杀菌方法。低温长时间杀菌的方法因杀菌效果不理想，所以已经很少应用。目前最常见的是采用高温短时灭菌法，因为该方法可使牛乳的营养成分损失较小，乳粉的理化特性较好。乳粉生产中常用的杀菌方法如表 2-4-2 所示。

表 2-4-2 乳粉生产中常用的杀菌方法

杀菌方式	杀菌温度、时间	杀菌效果	设备
低温长时间杀菌法	60 ~ 65 ℃、30 min 70 ~ 72 ℃、15 ~ 20 min	可杀死病原菌，不能破坏所有酶类	容器式杀菌缸
高温短时杀菌法	85 ~ 87 ℃、15 ~ 20 s 94 ℃、10 ~ 15 s	效果较理想	连续式杀菌器，如板式、列管式、滚洞式
超高温瞬时灭菌法	120 ~ 140 ℃、2 ~ 4 s	微生物几乎全部杀死	管式、板式、蒸汽直接喷射式

（四）均质

生产全脂乳粉、全脂甜乳粉以及脱脂乳粉时，一般不必经过均质操作，但若乳粉的配料中加入了植物油或其他不易混匀的物料时，就需要进行均质操作。均质时的压力一般控制在 14 ~ 21 MPa，温度控制在 60 ℃ 为宜。二级均质时，第一级均质压力为 14 ~ 21 MPa，第二级均质压力为 3.5 MPa 左右。均质后脂肪球变小，从而可以有效地防止脂肪上浮，并易于消化吸收。

（五）加糖

加糖方法的选择取决于产品配方和设备条件。常用的加糖方法有：净乳之前加糖；将杀菌过滤的糖浆加入浓缩乳中；包装前加蔗糖细粉于乳粉中；预处理前加一部分糖，包装前再加一部分糖。

（六）真空浓缩

牛乳经杀菌后立即泵入真空蒸发器进行减压（真空）浓缩，除去乳中大部分水分（65%），然后进入干燥塔中进行喷雾干燥，以利于产品质量和降低成本。

1. 真空浓缩条件

（1）真空浓缩的设备。真空浓缩设备种类繁多，按加热部分的结构可分为直管式、板式和盘管式三种；按其二次蒸汽利用与否，可分为单效和多效浓缩设备。

（2）浓缩时的条件。一般真空度为 21~8 kPa，温度为 50~60 ℃，单效蒸发时间为 40 min，多效是连续进行的。

2. 影响浓缩的因素

（1）加热器的总加热面积。加热面积越大，乳受热面积就越大，在相同时间内乳所接受的热量亦越大，浓缩速度就越快。

（2）蒸汽的温度与物料间的温差。温差越大，蒸发速度越快。

（3）乳的翻动速度。乳的翻动速度越大，乳的对流越好，加热器传给乳的热量也越多，乳既受热均匀又不易发生焦管现象。另外，由于乳的翻动速度大，在加热器表面不易形成液膜，而液膜能阻碍乳的热交换。乳的翻动速度还受乳与加热器之间的温差、乳的黏度等因素的影响。

（4）乳的浓度与黏度。随着浓缩的进行，浓度提高，比重增加，乳逐渐变得黏稠，流动性变差。

3. 浓缩终点的确定

牛乳浓缩的程度如何将直接影响到乳粉的质量。连续式蒸发器在稳定的操作条件下，可以正常连续出料，其浓度可通过检测而加以控制；间歇式浓缩锅需要逐锅测定浓缩终点。在浓缩到接近要求浓度时，浓缩乳的黏度升高，沸腾状态滞缓，微细的气泡集中在中心，表面稍呈光泽，根据经验观察即可判定浓缩的终点。但为准确起见，可迅速取样，测定其比重、黏度或折射率来确定浓缩终点。一般要求原料乳浓缩至原体积的 1/4，乳干物质达到 45% 左右。浓缩后的乳温一般为 47~50 ℃，不同产品的浓缩程度如下：

（1）全脂乳粉为 11.5~13 °Be，相应乳固体含量为 38%~42%。

（2）脱脂乳粉为 20~22 °Be，相应乳固体含量为 35%~40%。

（3）全脂甜乳粉为 15~20 °Be，相应乳固体含量为 45%~50%；大颗粒奶粉可相应提高浓度。

（七）干燥

浓缩后的乳打入保温罐内，应立即进行干燥，使乳粉中的水分含量在 2.5%~5% 之间，抑制了细菌繁殖，延长了乳的货架寿命，大大降低了重量和体积，减少了产品的贮存和运输费用。目前国内外广泛采用压力式喷雾干燥法和离心式喷雾干燥法。

1. 喷雾干燥的原理及特点

浓乳在高压或离心力的作用下，经过雾化器在干燥室内喷出，形成雾状。此刻的浓乳变成了无数微细的乳滴（直径约为 10 ~ 200 μm），大大增加了浓乳表面积。微细乳滴一经与鼓入的热风接触，其水分便在 0.01 ~ 0.04 s 的瞬间内蒸发完毕，雾滴被干燥成细小的球形颗粒，单个或数个粘连漂落到干燥室底部，而水蒸气被热风带走，从干燥室的排风口抽出。整个干燥过程仅需 15 ~ 30 s。

喷雾干燥与其他干燥方法相比较具有下述特点：

（1）干燥速度快，物料受热时间短，水分蒸发速度很快，整个干燥过程仅需要 10 ~ 30 s，乳的营养成分破坏程度较小，乳粉的溶解度较高，冲调性好。

（2）整个干燥过程中，乳粉颗粒表面积的温度较低，不会超过干燥介质的湿球温度（50 ~ 60 ℃），从而可以减少牛乳中一些热敏性物质的损失，且产品具有良好的理化性质。

（3）工艺参数可以方便地调节，产品质量容易控制，同时也可以生产有特殊要求的产品。

（4）整个干燥过程都是在密封的状态下进行的，产品不易受到外来污染，从而最大限度的保证了产品的质量。

（5）操作简单，机械化、自动化程度高，劳动强度低，生产能力大。

2. 喷雾干燥的方法

（1）压力喷雾干燥法

浓乳的雾化是通过一台高压泵的压力和安装在干燥塔内部的喷嘴来完成的。雾化原理为：浓乳在高压泵的作用下，通过一狭小的喷嘴后，瞬间雾化成无数微细的小液滴。

压力喷雾干燥工艺条件的通常控制范围见表 2-4-3。

表 2-4-3 压力喷雾干燥的工艺参数

条件	全脂乳粉	全脂加糖乳粉	大颗粒速溶加糖乳粉
浓乳浓度/°Bé	12 ~ 13	14 ~ 16	18 ~ 18.5
乳固体含量/%	45 ~ 55	45 ~ 55	50 ~ 60
浓乳温度/℃	40 ~ 45	40 ~ 45	45 ~ 47
高压泵压力/MPa	13 ~ 20	13 ~ 20	8 ~ 10
喷雾孔径/mm	1.2 ~ 1.8	1.2 ~ 1.8	1.4 ~ 2.5
喷嘴数量/只	3 ~ 6	3 ~ 6	3 ~ 6
喷嘴角度/rad	1.047 ~ 1.571	1.222 ~ 1.394	1.047 ~ 1.222
进风温度/℃	140 ~ 170	140 ~ 170	150 ~ 170
排风温度/℃	80 左右	80 左右	80 ~ 85
排风相对湿度/%	10 ~ 13	10 ~ 13	10 ~ 13
干燥室负压/Pa	98 ~ 196	98 ~ 196	98 ~ 196

（2）离心喷雾干燥法

利用在水平方向做高速旋转的圆盘的离心力作用进行雾化，将浓乳喷成雾状，同时与热风接触达到干燥的目的。

离心喷雾干燥法生产乳粉时，工艺参数通常控制在一定范围内，见表2-4-4。

表2-4-4　离心喷雾干燥法的工艺参数

条件	全脂乳粉	全脂加糖乳粉	全脂乳粉	全脂加糖乳粉
浓乳浓度/°Bé	13~15	14~16	1	1
乳固体含量/%	45~50	45~60	200左右	200左右
浓乳温度/°C	45~55	45~55	80左右	85左右
转盘转速/(r/min)	5 000~20 000	5 000~20 000	90左右	90左右

（八）出粉，冷却，包装

1. 出粉与冷却

干燥的乳粉落入干燥室的底部，乳粉温度为60 °C左右，应尽快出粉。出粉、冷却的方式一般有以下几种：

（1）气流出粉、冷却。这种装置可以连续出粉、冷却、筛粉、贮粉、计量包装。出粉速度快，但易产生过多的微细粉尘；冷却效率低，一般只能冷却到高于气温9 °C左右，特别是在夏天，冷却后的温度仍高于乳脂肪的熔点。

（2）流化床出粉、冷却。流化床出粉、冷却装置的优点为：

① 乳粉不受高速气流的摩擦，故乳粉质量不受损害。

② 可大大减少微细粉的数量。

③ 乳粉在输粉导管和旋风分离器内所占比例少，故可减轻旋风分离器的负担，同时可节省输粉中消耗的动力。

④ 冷却床冷风量较少，故可使用冷却的风来冷却乳粉，因而冷却效率高，一般乳粉可冷却到18 °C左右。

⑤ 乳粉经过震动的流化床筛网板，可获及颗粒较大且均匀的乳粉。从流化床吹出的微细乳粉还可通过导管返回到喷雾室与浓乳汇合，重新喷雾成乳粉。

（3）其他出输粉方式。可以连续出粉的几种装置还有搅龙输粉器、电池震荡器、转鼓型阀、旋涡气封阀等。

2. 筛粉与贮粉

（1）筛粉。一般采用机械震动筛，筛底网眼为40~60目，能使乳粉均匀、松散，便于冷却。

（2）贮粉。乳粉贮存一段时间后，乳粉表观密度可提高15%，有利于包装。无论使用大型粉仓还是小粉箱，在贮存时应严防受潮。包装前的乳粉存放场所必须保持干燥和清洁。

3. 包装

各国奶粉包装的形式和尺寸有较大差别，包装材料有马口铁罐、塑料袋、塑料复合纸带、塑料铝箔复合袋等。

任务三　脱脂乳粉的加工

以脱脂乳为原料，经过杀菌、浓缩、喷雾干燥而制成的乳粉，就称为脱脂乳粉。因为脂肪含量很低（不超过1.25%），所以脱脂乳粉耐贮藏，不易引起氧化变质。脱脂乳粉一般多用于食品工业作为原料。

一、脱脂乳粉的生产工艺流程

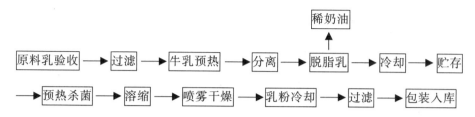

二、脱脂乳粉的生产工艺要点

（1）牛乳的预热与分离。牛乳预热温度达到 38 ℃ 上下即可分离，脱脂乳的含脂率要求控制在 0.1% 以下。

（2）预热杀菌。为了使乳清蛋白质变性程度不超过 5%，并且减弱或避免蒸煮味，又能达到杀菌抑酶目的，脱脂乳的预热杀菌温度以 80 ℃、保温 15 s 为最佳条件。

（3）真空浓缩。为了不使过多的乳清蛋白质变性，脱脂乳的蒸发浓缩温度以不超过 65.5 ℃ 为宜，浓度为 15 ~ 17 °Bé，乳固体含量可控制在 36% 以上。

（4）喷雾干燥。将脱脂浓乳按普通的方法喷雾干燥，即可得到普通脱脂乳粉。但是，普通脱脂乳粉因其乳糖呈非结晶型的玻璃状态，即 α-乳糖和 β-乳糖的混合物，有很强的吸湿性，极易结块。为了克服上述缺点，并提高脱脂乳粉的冲调性，可采取特殊的干燥方法生产速溶脱脂乳粉来得到改善。

任务四 配制乳粉

配制乳粉是 20 世纪 50 年代发展起来的一种乳制品，主要是针对婴儿的营养需要，即以类似母乳组成的营养素为基本目标，在乳中添加某些必要的营养成分，使其组成在质量和数量上接近母乳，经加工干燥而制成的一种乳粉。

一、婴儿配制奶粉中主要成分的调整原理及方法

1. 蛋白质的调整

母乳中蛋白质含量在 1.0% ~ 1.5%，其中酪蛋白为 40%，乳清蛋白为 60%；牛乳中的蛋白质含量为 3.0% ~ 3.7%，其中酪蛋白为 80%，乳清蛋白为 20%。牛乳中酪蛋白含量高，容易在婴幼儿胃内形成较大的坚硬凝块，不易于消化吸收。

用乳清蛋白和植物蛋白取代部分酪蛋白，按照母乳中酪蛋白与乳清蛋白的比例 1:1.5 来调整牛乳中蛋白质的含量。可以通过向婴儿配方奶粉中添加乳免疫球蛋白浓缩物来完成婴儿牛奶食品的免疫生物学强化。

2. 脂肪的调整

牛乳中的乳脂肪含量平均在 3.3% 左右，与母乳含量大致相同，但质量上有很大差别。牛乳脂肪中的饱和脂肪酸含量比较多，而不饱和脂肪酸含量少。母乳中不饱和脂肪酸含量比较多，特别是不饱和脂肪酸的亚油酸、亚麻酸含量相当高，是人体必须脂肪酸。

可以通过向婴儿配方牛奶中添加植物油来改善。常使用的是精炼玉米油和棕榈油。棕榈酸会增加婴儿血小板血栓的形成，故后者添加量不宜过多。生产中应注意有效抗氧化剂的添加。

3. 碳水化合物的调整

牛乳中乳糖含量为 4.5%，母乳中为 7.0%，牛乳中主要是 α-型，人乳中主要是 β-型。人乳（α:β=4:6）。通过添加蔗糖、麦芽糊精及乳清粉来进行调整。

4. 灰分的调整

牛乳中盐的质量分数（0.7%）远高于人乳（0.2%），摄入过多的微量元素会加重婴儿肾脏的负担。可采用脱盐率大于 90% 的脱盐乳清粉，其盐的质量分数在 0.8% 以下。

5. 维生素的调整

配制乳粉中一般添加的维生素有维生素 A、维生素 B_1、维生素 B_6、维生素 B_{12}、维生素 C、维生素 D 和叶酸等。

在添加时一定要注意维生素（也包括灰分）的可耐受最高摄入量，防止因添加过量而对婴儿产生毒副作用。

人乳中含铁比牛乳高，所以还要根据婴儿需要补充一部分铁。

二、配制奶粉的加工工艺

各国不同品种的婴儿配制奶粉，其生产工艺有所不同，但基本工艺流程相似。

1. 工艺流程

原料乳验收→过滤净化→计量→配料（脂溶性维生素、精制植物油、糖类及乳清粉、氨基酸、微量元素及稳定的水溶性维生素）→均质→杀菌→真空浓缩→喷雾干燥→冷却过筛→包装→成品

2. 工艺要点

（1）原料乳的验收和预处理。应符合生产特级乳粉的要求。

（2）配料。按比例要求将各种物料混合于配料缸中，开动搅拌器，使物料混匀。

（3）均质、杀菌、浓缩。混合料均质压力一般控制在 18 MPa；杀菌和浓缩的工艺要求和乳粉生产相同。浓缩后的物料浓度控制在 46% 左右。

（4）喷雾干燥。进风温度为 140~160 ℃，排风温度为 80~88 ℃。

思 考 题

1. 简述乳粉的概念及种类。
2. 真空浓缩的特点有哪些？
3. 简述全脂乳粉的加工工艺要点。
4. 如何进行原料乳的标准化？

模块三　蛋品加工技术

项目一　蛋的品质与贮藏

【知识目标】　理解蛋的构造、化学成分和蛋的质量标准，掌握蛋的保鲜贮藏方法。
【技能目标】　能够对蛋进行品质鉴定，会对蛋进行储藏保鲜。
【素质目标】　培养学生观察能力，结合蛋的鉴定，提高学生分析问题的能力。

任务一　蛋的构造

禽类的蛋呈典型的卵圆形，纵切面为一头稍尖、一头稍钝的椭圆形，横切面为圆形。蛋形一般用蛋形指数描述，横径与长径之比称为蛋形指数。鸡蛋的蛋形指数为 0.71～0.76，鸭蛋为 0.63～0.83。最好的蛋形指数是横径与纵径之比为 0.74（0.72～0.76）。商品蛋中破蛋、裂纹蛋的多少与蛋形指数有一定关系。蛋形指数越小，越不耐压而且易破裂。蛋的纵轴向较横轴向耐压，所以在摆放、装箱时，蛋应直立放置，以免在运输过程中因震动和挤压而破裂。

禽蛋的结构主要由蛋壳、蛋白及蛋黄三部分组成，鸡蛋的剖面图见图 3-1-1。

一、蛋壳

蛋壳是包裹在蛋内容物外面的壳内膜、硬蛋壳和壳外膜的总称。蛋壳的颜色与禽蛋的种类和品种有关。鸡蛋因品种不同而呈白色或深浅不同的褐色，而鸭蛋和鹅蛋一般均呈青灰色或白色。蛋壳的厚度与家禽的种类、品种及饲养条件有关。鸡蛋壳最薄，平均厚度为 0.35 mm；鸭蛋壳较厚，平均为 0.43 mm；鹅蛋壳最厚，平均为 0.62 mm。在鸡蛋中，褐色蛋壳较厚，白色蛋壳较薄。饲料条件对蛋壳的厚度影响很大，饲料中钙、磷含量适宜，蛋壳就较厚；当饲料营养不足，钙质缺乏，蛋壳就较薄，甚至会产生软壳蛋。

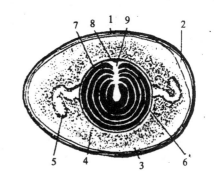

图 3-1-1　蛋的构造

1—硬壳及壳内膜；2—气室；3—稀薄蛋白层；
4—浓厚蛋白层；5—系带；6—系带蛋白层；
7—蛋黄；8—胚胎；9—白蛋黄

（一）壳外膜

在硬蛋壳表面分布着一层胶性干燥黏液，称壳外膜。壳外膜有阻止外界微生物侵入和防止蛋内水分过多蒸发、避免蛋内受到微生物的污染和重量减轻的作用。壳外膜是一种水溶性的胶质膜，若遇潮湿、雨淋、水洗或摩擦，将会溶解或脱落而消失，就失去了保护作用。

（二）硬蛋壳

硬蛋壳又叫石灰质硬蛋壳，是包裹在蛋内容物外面的一层硬壳，它使蛋具有并保持着固定的形状，保护着蛋白和蛋黄。硬蛋壳以碳酸钙为主要成分，此外还有碳酸镁、磷酸钙、磷酸镁等无机物和少量的有机物，质脆而不耐碰撞和挤压。

硬蛋壳分为内外两层。外层象海绵状的多层体结构，能起防震作用。内层是梭形体，由无数灰质小点组成，小点之间有空隙，在放大镜下观察，可看到密布的气孔。气孔直径约 $4 \sim 10\ \mu m$。鸡蛋的气孔较小，而鸭蛋和鹅蛋的气孔较大。

气孔呈喇叭形，靠蛋壳外面的口大，靠里面的口小。气孔在蛋壳上的分布是不均匀的，蛋的钝头最多，约有 $300 \sim 370$ 个/cm^2，蛋的锐头最少，只有 $150 \sim 180$ 个/cm^2。气孔的作用是使外面的新鲜空气进入蛋内，并将蛋内的二氧化碳和水分排出蛋外。在加工皮蛋和咸蛋时，气孔能使食盐和氢氧化钠等物质渗入蛋内。

（三）壳内膜

在硬蛋壳的里面有一层白色的软膜包裹着蛋内容物，这就是壳内膜，它是有机纤维质构成的具有弹性、半透明的网状薄膜。壳内膜分为 2 层，外层紧贴硬蛋壳内壁，称为蛋壳膜，厚 $41.1 \sim 60.0\ \mu m$，结构致密，细菌不易通过；内层包裹着蛋白，称蛋白膜，厚 $12.9 \sim 17.3\ \mu m$，结构疏松，细菌能自由通过。

蛋产出后，因外界温度比禽体温度低，蛋内容物发生收缩，空气便从气孔进入蛋壳内。由于蛋的钝端气孔密度大，故进入的空气使钝端壳内膜的内外两层分离，形成气室。一般在蛋产出后 $6 \sim 10\ min$ 便形成气室。新鲜蛋的气室很小，随着存放时间的延长，蛋内的水分蒸发渐多，气室也逐渐增大。因此，气室的大小可作为判断蛋新鲜度的指标之一。

二、蛋白（蛋清）

蛋壳与蛋黄之间的白色透明的黏稠半胶质物质，叫蛋白或蛋清。蛋白是典型的胶体结构，约占蛋内容物的 60%。蛋白分为浓蛋白和稀蛋白 2 种，共有 4 层结构，由外向内依次为外稀蛋白、外浓蛋白、内稀蛋白和内浓蛋白，愈接近蛋黄的蛋白愈浓，愈接近蛋壳的蛋白愈稀薄。

在蛋白中位于蛋黄的两端各有一条浓厚的白色带状物，叫系带。系带与紧裹在蛋黄外的系带层浓蛋白相连，位于蛋白纵轴、蛋黄的两端，具有固定蛋黄的作用。系带由浓厚蛋白构成，新鲜蛋的系带很粗有弹性，含有丰富的溶菌酶，当蛋存放时间延长、外界温度又较高的情况下，系带受蛋白酶的作用被溶解而失去固定蛋黄的作用，因而蛋黄上浮，并发生贴壳现象。因此，系带存在的状况也是鉴别蛋新鲜度的重要标志之一。

浓厚蛋白与蛋的质量、贮藏、加工有着密切的关系，含有溶菌酶，它具有溶解微生物膜的特性，因此有抑制和杀灭侵入的微生物的作用。新鲜蛋的浓厚蛋白约占蛋白总量的 55%。

随着蛋存放时间的延长，或受外界较高气温等因素的影响，溶菌酶也逐渐减少，以至完全消失，蛋便失去了抑菌和杀菌的能力，此时侵入蛋内的微生物便生长繁殖，使蛋发生腐败变质。浓厚蛋白在存放过程中逐渐变稀，在高温和微生物的作用下，加快了浓厚蛋白变稀的速度。实际上，浓厚蛋白变稀的过程，就是鲜蛋失去自身抵抗力和开始陈化及变质的过程。因此，浓厚蛋白的多少也是衡量蛋新鲜程度的标志之一。

稀薄蛋白约占蛋白总量的 45% 左右，呈水样胶体，不含溶菌酶。当蛋存放较久或环境温度较高时，浓厚蛋白减少而稀蛋白增加，这是蛋变陈的标志。

三、蛋黄

蛋黄由蛋黄膜、蛋黄液和胚珠（或称胚盘）构成。新鲜蛋的蛋黄呈球形，两端由系带牵连，所以总是被固定在蛋的中央。

（一）蛋黄膜

蛋黄膜紧裹着蛋黄液，为一层透明而韧性很强的薄膜，所以新鲜蛋的蛋黄紧缩成球形。蛋黄膜的厚度为 16 μm 左右，它起着保护蛋黄和胚珠的作用，防止蛋黄与蛋白混合。如果因微生物侵入，在细菌酶的作用下使蛋白质分解和蛋黄膜破裂，则形成泻黄蛋。因此，蛋黄膜韧性的大小和完整与否也是蛋新鲜度的标志之一。

（二）蛋黄液

蛋黄液是一种黄色的半透明胶状液，约占蛋总质量的 32%。蛋黄液有黄色和浅黄色 2 种，由里向外分层排列成非完全封闭式的球状。在蛋黄液的中心部分为白蛋黄，形似细颈瓶状，称为淡卵黄柱或蛋黄芯（latebra）。淡卵黄柱向外延伸至蛋黄膜下，其喇叭形的口部托着胚珠。煮熟的蛋，在蛋黄与蛋白之间，即蛋黄的外面形成一层灰绿色的物质，这是蛋白中的硫化氢与蛋黄中的铁生成的产物。

（三）胚珠或胚盘

在蛋黄表面的蛋黄芯喇叭口部有一乳白色的小点，直径约为 2～3 mm，为次级卵母细胞，未受精或完全新鲜蛋的次级卵母细胞呈圆形，叫胚珠，直径约 2.5 mm；受精卵经多次分裂后形成胚盘，直径约 3～3.5 mm。当环境温度达到 25 ℃ 以上时，胚胎逐渐发育而增大，蛋的品质随之而降低。

任务二　蛋的化学组成与特性

一、蛋的化学组成

禽蛋的化学组成主要是水、蛋白质、脂肪、矿物质和维生素等。这些成分的含量因家禽种类、品种、年龄、饲养条件、产蛋期及其他因素不同而有较大差异。几种禽蛋的主要化学组成见表 3-1-1。

表 3-1-1　蛋的主要化学组成（%）

禽蛋种类	水分	蛋白质	脂肪	碳水化合物	灰分
鸡蛋(白皮)	75.8	12.7	9.0	1.5	1.0
鸡蛋(红皮)	73.8	12.8	11.1	1.3	1.0
鸭　蛋	70.3	12.6	13.0	3.1	1.0
鹅　蛋	69.3	11.1	15.6	2.8	1.2
鹌鹑蛋	73.0	12.8	11.1	2.1	1.0

注：引自《中国食物成分表》（2004）。

（一）蛋壳的化学组成

蛋壳为不可食部分，占整个蛋质量的 10%～13%。蛋壳中有机物占约 4%，主要为蛋白质；无机物的主要成分是碳酸钙，约占 93%，碳酸镁约占 1%；其次有少量的磷酸钙、磷酸镁及色素。

（二）蛋白（蛋清）的化学组成

蛋白（蛋清）是禽蛋的主要组成部分，约占鸡蛋内容物的 64%、鸭蛋内容物的 57%、鹅蛋内容物的 62%。蛋白的化学组成如下：

（1）水分。禽蛋蛋白中的水分含量约为 85%～88%，鸡蛋蛋白中的水分含量稍高于鸭蛋和鹅蛋。同一种类的蛋或同一枚蛋中，各层蛋白的含水量亦有所不同，例如，新鲜蛋外层稀薄蛋白的水分含量为 89.10%，中层浓厚蛋白的水分含量为 87.75%，内层稀薄蛋白的水分含量为 88.35%。随着蛋贮存时间的延长，稀薄蛋白所占的比例逐渐增加，浓厚蛋白逐渐减少，因而蛋白的水分含量也逐渐增高，蛋白则变得稀薄。

（2）蛋白质。蛋白中的蛋白质含量为总量的 11%～13%，其中又可分为卵白蛋白、伴白蛋白、卵球蛋白、卵黏蛋白和卵类黏蛋白等。这些蛋白质又可分为两类，一类为简单蛋白，如卵白蛋白、伴白蛋白和卵球蛋白；另一类为糖蛋白类，如卵黏蛋白和卵类黏蛋白。

卵白蛋白也称清蛋白，占蛋白总量的 69.7%，可溶于水及稀薄盐溶液中，为结晶性蛋白。凝固温度为 60～67 ℃，等电点为 pH4.6～4.9。

伴白蛋白与卵白蛋白基本相同，但属于非结晶性蛋白，占蛋白总量的 9%，凝固温度为 58～67 ℃。

卵球蛋白占蛋白总量的 6.7%，不溶于水而溶于盐溶液（5%）中，凝固温度为 58～67 ℃。

卵黏蛋白属于糖蛋白质的一种，为复合蛋白质，占蛋白总量的 1.9%。蛋白中的浓厚蛋白层，就是由卵黏蛋白包围的卵白蛋白。所以浓厚蛋白层中含卵黏蛋白达 80%，而稀薄蛋白中仅含 0.9%。

卵类黏蛋白的含量仅次于卵白蛋白，约占 12.7%。与蛋白中的其他蛋白质比较，溶解度很大，酸和热都不能使其凝固，但能在酒精中凝固。

（3）碳水化合物。蛋白中的碳水化合物含量为 1% 左右，分两种状态存在：一种与蛋白质结合形成糖蛋白，呈结合状态存在；另一种呈游离状态存在，如葡萄糖。常见禽蛋的蛋白中葡萄糖的含量为：鸡蛋蛋白为 0.41%，鸭蛋蛋白为 0.55%，鹅蛋蛋白为 0.51%。蛋白中碳水化合物的含量虽少，但与蛋白片、蛋白粉等产品的色泽有密切关系。

（4）矿物质。蛋白中的矿物质以灰分计，约为 0.60%（鸡蛋）。主要有钾（0.121%）、钠（0.126%）、钙（0.044%）、镁（0.011%）、磷（0.182%）等，还含有少量和微量的碘、溴、硼等。

（5）维生素。蛋白中所含微生素种类和含量都较蛋黄中的少，主要有维生素 B_2（0.32 mg/100 g）、烟酸（0.2 mg/100 g）及维生素 B_1（0.13 mg/100 g）。

（6）酶。蛋白中含有蛋白分解酶、淀粉酶、溶菌酶等。其中蛋白分解酶在蛋的贮存过程中对蛋白有分解作用，因而使蛋白逐渐变稀，蛋白质含量逐渐减少。溶菌酶在初生蛋中含量最高，随着蛋贮存时间的延长而减少，直至消失。因此，溶菌酶只在一定时间内和一定条件下有杀菌作用，在 37~40 ℃ 及 pH7.2 时活力最强。此外，受精蛋的胚胎发育一开始，酶就开始发挥作用，故酶与雏的形成有密切的关系。

（三）蛋黄的化学组成

蛋黄也是禽蛋的主要组成部分，约占鸡蛋内容物的 36%、鸭蛋内容物的 43%、鹅蛋内容物的 38%。例如，鸡蛋黄的化学成分主要是水（51.5%）、蛋白质（15.2%）、脂肪（38.2%）、碳水化合物（3.4%）、矿物质（以灰分计占 1.7%）、维生素、色素等。

蛋黄有黄色蛋黄与白色蛋黄之分，白色蛋黄仅占整个蛋黄的 5%，其余为黄色蛋黄，两者之间的化学组成有较大差别（见表 3-1-2）。

表 3-1-2　黄色蛋黄与白色蛋黄的化学组成（%）

蛋黄类别	水分	蛋白质	脂肪	磷脂	浸出物	灰分
黄色蛋黄	45.50	15.04	25.20	11.15	0.36	0.44
白色蛋黄	89.70	4.60	2.39	1.13	0.40	0.62

（1）蛋白质。蛋黄中的蛋白质约占 14%~16%，主要有卵黄磷蛋白、卵黄球蛋白及少量的白蛋白和糖蛋白。

卵黄磷蛋白占蛋黄蛋白质总量的 75%~80%，与磷脂结合存在。与卵黄磷蛋白结合的磷脂约占 15%~30%，即使将磷脂除去，游离的卵黄磷蛋白中仍含磷 1% 左右，故为代表性的含磷蛋白。其性质与球蛋白近似，不溶于水而溶于中性盐及酸、碱的稀溶液中。凝固温度为 60~70 ℃。

卵黄球蛋白约占蛋黄中蛋白质总量的 21.6%，含磷量 0.1%，仅次于卵黄磷蛋白，而含硫量高于卵黄磷蛋白。等电点为 pH 4.8~5.0。

（2）脂肪。蛋黄中约含 30%~33% 的脂肪，其中属于甘油三酯的真脂肪约占 20%，磷脂约占 10%，胆固醇约占 0.7%。真脂肪为多种高度不饱和脂肪酸的甘油三酯，为橙色和黄色的半黏稠乳浊状，其密度为 0.918 kg/m³，熔点为 16~18 ℃，凝固点为 -5~-7 ℃。磷脂中大部分为卵磷脂，其次为脑磷脂以及少量的神经磷脂。磷脂有很强的乳化作用，能使蛋黄保持很稳定的乳化状态。

（3）矿物质。蛋黄中的矿物质以灰分计，占 1.5%~1.7%。鸡蛋黄中的主要矿物质含量（mg/100 g）为钾 95、钠 54.9、钙 112、镁 41、磷 240，其次还含有少量的铁（6.5 mg/100 g）及微量的锌、铜、锰、碘等。

（4）维生素。蛋黄含有丰富的维生素，其中以维生素 A（438 µg/100 g）、维生素 B$_1$（0.05 mg/100 g）、维生素 B$_2$（0.40 mg/100 g）等含量较多，还含有一定量的泛酸及维生素 D、E、K 等。

（5）色素和酶。蛋黄中含有多种色素，从而使蛋黄呈黄色至橙黄色。其中主要为叶黄素，其次为玉米黄质，还有一定量的胡萝卜素、核黄素等。蛋黄中的色素与饲料有关。蛋黄还含有多种酶类，如淀粉酶、蛋白酶、解脂酶、过氧化氢酶等。

二、蛋的特性

（一）蛋的功能特性

1. 蛋黄的乳化性能

蛋黄中起乳化作用的组分主要是卵磷脂，卵磷脂既具有能与油结合的疏水基，又有能与水结合的亲水基，具有优良的乳化性能。蛋黄的乳化性对蛋黄酱、色拉调味料、起酥油面团等的制作有很大的意义。

2. 蛋清的起泡性能

蛋清搅打时，空气进入蛋液中形成泡沫。随着蛋清被搅打，气泡变小而数量增多，最后失去流动性，通过加热使之固定，这种特性在蛋糕食品的加工中得到应用。

3. 蛋的凝胶特性

卵蛋白受到热、盐、酸或碱的作用会发生凝固。蛋的凝固是一种蛋白质分子结构变化的结果，这一变化使蛋液增稠，由流体（溶胶）变成固体或半流体（凝胶）状态。

（1）蛋清、蛋黄的热凝结性：蛋清在 57 ℃ 长时间加热后开始凝固，60 ℃ 出现肉眼可见的变化，70 ℃ 以上变成坚硬的凝固状态。蛋黄在 65 ℃ 开始凝固，70 ℃ 失去流动性，并随着温度的升高而变得坚硬。蛋中加入盐类，能促进蛋的凝固；蛋中加入糖类，能减弱蛋的凝固。

（2）蛋的酸碱凝胶化：蛋在一定 pH 条件下会发生凝固。蛋在 pH 2.3 以下或 pH 12.0 以上会形成凝胶，而在 pH 2.2～12.0 之间则不发生凝胶化。

（3）蛋黄的冷冻凝胶化：蛋黄在冷冻时黏度剧增，形成弹性胶体，解冻后也不能完全恢复蛋黄原有的状态，这使冰蛋黄在食品中的应用限制很大。

（二）蛋的理化特性

1. 蛋的比重

新鲜全蛋的比重为 1.078～1.094，其中鸡蛋蛋壳的比重为 1.740～2.134，蛋白的比重为 1.039～1.052，蛋黄的比重为 1.0288～1.0299。随着蛋贮存时间的延长，蛋的比重逐渐降低，故可通过测定蛋的比重来鉴定蛋的新鲜程度。

2. 蛋的 pH

新鲜鸡蛋蛋白的 pH 一般为 7.2～7.6，蛋黄为 5.8～6.0。在蛋的贮存过程中，随着 CO$_2$ 向外逸出和氨类的产生，使蛋的 pH 向碱性方向变化。因此，可通过测定蛋的 pH 来鉴定蛋的新鲜度。

3. 禽蛋的热变性和冰点

新鲜鸡蛋蛋白的热凝固温度为 62～64 ℃，平均 63 ℃；蛋黄凝固温度为 68～71.5 ℃，平均 69.5 ℃。热凝固温度与其中所含的蛋白质种类和比例有关。新鲜禽蛋蛋白的冰点为 −0.42～−0.45 ℃，蛋黄为 −0.57～−0.59 ℃。随着蛋贮藏时间的延长，因蛋白变稀而冰点增高。

4. 耐压度

蛋的耐压度因蛋的形状、蛋壳的厚薄、蛋的种类不同而异。球形蛋耐压度大，椭圆形蛋适中，细长形蛋最小；蛋壳越厚、耐压度越大，反之耐压度小。不同禽蛋的耐压度为：鹅蛋＞鸭蛋＞鸡蛋＞鹌鹑蛋。此外，禽蛋耐压度的大小与蛋在收购、运输、贮藏、加工过程中的破损率有密切关系。

任务三　蛋的保鲜

鲜蛋具有鲜活的特点，它不停地进行着生理活动，必然会受到周围环境因素的影响，其中温度和湿度的影响最明显。在较高的气温和潮湿的环境中，不但鲜蛋本身会发生理化学性质的变化，使蛋的质量降低，而且有利于微生物的生长繁殖，导致蛋发生腐败变质，完全失去其营养价值。此外，蛋易于吸收周围环境的异味，蛋壳也易于破损，在贮存过程中均应注意。

一、鲜蛋的消毒杀菌方法

鲜蛋从母禽泄殖腔口排出体外，接触到禽粪、垫草或地面，蛋壳就被污染而带菌。这些细菌在蛋壳上很容易繁殖，若不进行消毒就直接进行保鲜，则会影响贮存保鲜效果，甚至达不到保鲜的目的。因此，鲜蛋在进行保鲜前，必须先做好蛋的杀菌消毒工作。鲜蛋的消毒杀菌方法很多，现将常用的方法介绍如下：

（1）新洁尔灭消毒法。消毒鲜蛋时，用 5% 的新洁尔灭原液配成 0.1% 的水溶液，将鲜蛋放入其中浸泡数分钟，取出晾干即可。

（2）漂白粉消毒法。将鲜蛋放入含有效氯 1.5% 的漂白粉液中浸泡 3 min，取出沥干后涂膜保鲜。

（3）碘消毒法。将鲜蛋置于 0.1% 的碘溶液中浸泡 30～60 s，取出沥干后可采取保鲜措施。

（4）高锰酸钾消毒法。将鲜蛋放入 0.5% 的高锰酸钾溶液中浸泡 1 min，取出沥干后即可。

（5）福尔马林消毒法。将鲜蛋放入密闭容器或密封性能好的小房间内，每立方米的空间用 30 mL 福尔马林（装在瓷盘等容器内）和 15 g 高锰酸钾（放入福尔马林中），迅速关闭容器或房门，经过 1 h 左右即可。要求温度在 20 ℃ 以上，否则消毒效果不佳。

（6）过氧乙酸消毒法：

① 蒸熏法。按每立方米空间 1 g 纯过氧乙酸计算，在室温 20～30 ℃、相对湿度 70%～90% 的密闭条件下，把所需的过氧乙酸置于陶瓷或搪瓷容器内，用电炉或酒精灯加热，关好门窗，等到冒尽烟雾后，去掉热源，熏蒸 20～30 min，打开门窗，拿出经消毒的鲜蛋，即可采取保鲜措施。试验证明，这种消毒方法可杀灭蛋壳表面 92.2%～99.71% 的自然菌。

② 浸泡消毒法。将蛋放入竹篓内，然后将其浸泡入具有 1% 过氧乙酸溶液的大陶瓷缸内，浸泡 3 ~ 5 min，取出自然沥干后即可。

二、鲜蛋的贮存保鲜方法

由于鲜蛋在贮存中会发生各种理化、生理学和微生物学变化，促使蛋内容物的成分分解，降低蛋的质量。所以，在蛋的贮藏中，应因地制宜地采用科学的贮藏方法。鲜蛋的贮藏方法很多，一般根据贮藏量、贮藏时间及经济条件等来选择合适的贮藏方法。

（一）民间简易贮蛋法

贮藏方法：在容器中放一层填充物，排一层鲜蛋，直到装满容器为止，然后加盖，置于干燥、通风、阴凉的地方存放。

卫生要求是：容器和填充物要干燥、清洁，贮藏的蛋要新鲜、清洁、无破损，不受潮，每隔半个月或 1 个月翻动检查 1 次，一般可保存 5 ~ 6 个月。

（二）巴氏杀菌贮藏法

其处理方法是：先将鲜蛋放入特制的铁丝或竹筐内，每筐放蛋 100 ~ 200 枚为宜，然后将蛋筐沉浸在 95 ~ 100 °C 的热水中 5 ~ 7 s 后取出。待蛋壳表面的水分沥干，蛋温降低后，即可放入阴凉、干燥的库房中存放 1.5 ~ 2 个月。

（三）冷藏保鲜法

冷库温度保持在 0 °C 左右，每昼夜的温度波动不得大于±1 °C，相对湿度在 80% ~ 85%。为了保持库温恒定，鲜蛋在入库前要进行预冷，使蛋温降至 2 ~ 3 °C 再入库冷藏；每次进库量不超过总容量的 15%；要严格控制致冷设备的运转，以适应增多贮藏量后对致冷的要求。

（四）石灰水贮藏法

此法需先配置石灰水溶液，即用 50 kg 清水加入 1 ~ 1.5 kg 生石灰，搅拌后静置，任其沉淀、冷却。待石灰水澄清、温度下降到 10 °C 以下时，取出澄清液倒入放有鲜蛋的水池或缸中，使溶液淹没蛋面 5 ~ 10 cm 即可。

（五）表面涂膜法

用于贮存蛋的涂膜剂有水溶性涂料、乳化剂涂料和油质性涂料等，如液体泡花碱、石蜡、聚乙烯醇、蔗糖脂肪酸酯、动植物油等。目前常用液体泡花碱（Na_2SiO_3）和石蜡涂膜保鲜蛋。

（1）泡花碱涂膜保鲜法。泡花碱学名硅酸钠（Na_2SiO_3），又名水玻璃，易溶于水，无毒。泡花碱液为胶状液体，能黏附于蛋壳上，堵塞气孔，阻止蛋内二氧化碳的逸出和水分的蒸发，并隔绝外界微生物的侵入，同时溶液呈碱性，有杀菌防腐作用，因而能起到保持鲜蛋品质的作用。

（2）松脂石蜡合剂法。将石蜡 18 份、松脂 18 份、三氯乙烯 64 份，混合搅匀，将新鲜、清洁的鸡蛋置于其中浸泡 30 s，取出晾干，即可在常温下贮存 6 ~ 8 个月。

（3）蔗糖脂肪酸酯法。将经过挑选的新鲜蛋浸入 1% 的蔗糖脂肪酸酯溶液中 20 s，取出风干，在 25 ℃ 下可贮藏 6 个月以上。

（4）蜂油合剂法。取蜂蜡 112 mL 于锅中水浴熔化，然后加入橄榄油 224 mL，边加边仔细调合均匀，然后将挑选好的鲜蛋浸入其中，均匀涂上一层后取出晾干，可贮存半年以上。

（六）气体贮藏法

下面主要介绍二氧化碳气调法、充氮气调法和化学保鲜剂气调法。

（1）二氧化碳气调法。把鲜蛋放在含有 20% ~ 30% 二氧化碳的气体中，因氧气的比例下降，蛋的代谢速度减慢，酶的活性减弱，同时蛋内所含的二氧化碳不易散失，还得以补充；高浓度二氧化碳的环境不利于需氧菌的繁殖，兼性厌氧菌的生长繁殖也受到限制，因而能够保持蛋的新鲜度。用此法将鲜蛋在 0 ℃ 冷库内贮存半年，蛋的新鲜度好，蛋白清晰，浓、稀蛋白分明，蛋黄系数高，气室小，无异味。此法比单纯冷藏法对温度和湿度的要求不甚严格，干耗平均降低 2%。

（2）充氮气调法。此法就是利用微生物的特性来达到贮蛋的目的。其方法是：将鲜蛋密闭在较厚的聚乙烯薄膜内，再在袋内充以氮气，切断氧气的供给，以阻制好气性微生物的生长繁殖，从而延长鲜蛋保存期。鲜蛋在这种环境中保存，可以长时间不腐败变质。

（3）化学保鲜剂气调法。利用化学保鲜剂通过化学脱氧而获得气调效果，达到贮蛋保鲜目的。化学保鲜剂一般是由无机盐、金属粉和有机物质组成，主要作用是将贮存蛋的袋中的氧气含量在 24 h 内降至 1%，还具有杀菌、防霉等作用。例如，一种以保险粉为主要成分的保鲜剂，其组成是保险粉 31 g、芒硝 5 g、消石灰 100 g，它可在 2 h 内将 10 L 空气中的氧气降至 1% ~ 3%，同时保险粉具有还原作用，能产生二氧化硫，起防腐杀菌作用。一种以铸铁粉为主要成分的化学保鲜剂，其成分是铸铁粉、食盐、硅藻土、活性碳、水，可在 24 h 内将 10 L 空气中的氧气降至 1%。

将待贮存的鲜蛋经严格检验质量，放入一定体积的聚乙烯塑料袋中，将保鲜剂各成分混在一起装入透气性小袋中，立即放进塑料袋内并密合袋口即可。用这种方法贮存鲜蛋，霉菌一般不会浸入蛋内，浓蛋白很少水化，蛋黄膜弹性较好且不易破裂，即使贮藏 10 个月，蛋的品质也无明显下降。

三、蛋在贮藏时的变化

从蛋的结构来看，蛋壳、壳外膜和壳内膜既能阻止外界微生物的侵入，又可减缓蛋内水分的蒸发，对蛋本身具有一定的保护作用。但这种保护作用是有一定限度的，特别是壳外膜很容易被水溶解而失去作用。总体来说，蛋在贮藏过程中，易发生物理、化学、生理及微生物学等方面的变化，使鲜蛋变为陈蛋，甚至发生腐败变质。

（一）物理变化

（1）蛋重。鲜蛋在贮藏期间重量会逐渐减轻，贮存时间越长，减重越多，其变化量与保存条件有关。不同的保存方法（如涂膜法、谷物贮存法等）其失重也各有不同。

（2）气室。气室是衡量蛋新鲜程度的一个重要标志。在贮藏过程中，气室随贮存时间的延长而增大。气室的增大是由于水分蒸发、蛋内容物干缩导致的。

（3）水分。随着贮存时间的延长，蛋白中的水分由于不断通过气孔向外蒸发，同时通过蛋黄膜向蛋黄渗透，其含量不断下降，可降至 71% 以下，而蛋黄中的水分则逐渐增加。

（4）pH。新鲜蛋黄的 pH 为 6.0 ~ 6.4，在贮存过程中会逐渐上升而接近或达到中性。刚形成鸡蛋时，蛋白的 pH 为 7.5 ~ 7.6；鸡蛋产出后，蛋白的 pH 迅速上升达 8.7；贮存一段时间（10 d 左右）后，蛋白 pH 不断上升，可达 9 以上。但当蛋开始接近变质时，蛋白 pH 则有下降的趋势，当蛋白 pH 降至 7.0 左右时尚可食用，若继续下降则不宜食用。

（二）化学变化

鲜蛋在贮存过程中，各蛋白质比例将发生变化，其中卵黏蛋白和卵球蛋白的含量相对增加，而伴白蛋白和溶菌酶减少；蛋黄中卵黄球蛋白和磷脂蛋白的含量减少，而低磷脂蛋白的含量增加；由于微生物对蛋白质的分解作用，会使蛋内含氮量增加，贮存时间越长，蛋液中含氮量越高，甚至会产生对人体有害的一些挥发性盐基氮类物质。

刚产的蛋，其脂肪中游离脂肪酸含量很低，随着贮藏时间的延长，接触空气后，脂肪酸败速度加快，使其游离脂肪酸含量迅速增加。在冰蛋贮藏时，尤其要注意这一点。

蛋在贮藏期间，溶菌酶逐渐减少，碳水化合物也逐渐减少。

（三）生理学变化

禽蛋在保存期间，较高温度（25 ℃ 以上）会使其胚胎发生生理学变化，使受精卵的胚胎周围产生网状血丝、血圈甚至血筋，称为胚胎发育蛋；使未受精卵的胚胎有膨大现象，称为热伤蛋。蛋的生理学变化常常引起蛋的质量降低，耐贮性也随之降低，甚至引起蛋的腐败变质。控制贮藏温度是防止蛋生理学变化的重要措施。

（四）微生物学变化

微生物污染的禽蛋，在适宜温度下，微生物就会生长繁殖，并释出蛋白水解酶，使蛋白逐渐水解，导致蛋白黏度消失，蛋黄的位置改变，蛋黄膜失去韧性而破裂，形成散黄蛋。而后蛋白质先被分解为氨基酸，继而形成酰胺、氨和硫化氢等，使蛋产生强烈的臭气，并形成某些有毒的活性物质。由于氨和硫化氢不断积聚，最终引起蛋壳的爆裂。

任务四　蛋的质量指标与鉴别

鲜蛋的检验要求逐个进行。由于经营销售的环节多，数量大，往往来不及一一进行检验，故可采取抽样的方法进行检验。对长期冷藏的鲜蛋、化学方法贮藏的鲜蛋，在贮存过程中也应经常进行抽检，以便发现问题及时处理。

一、感官检验

凭借检验人员的感官鉴别蛋的质量，主要靠眼看、手摸、耳听、鼻嗅等方法进行综合判定。外观检查虽简便，但对蛋的新鲜与陈旧能做出初步的鉴别。

（一）检验方法

逐个拿出待检蛋，先仔细观察其形态、大小、色泽、蛋壳的完整性和清洁度等情况；然后仔细观察蛋壳表面有无裂痕和破损等；利用手指摸蛋的表面和掂重，必要时可把蛋握在手中使其互相碰撞以听其响声；最后嗅检蛋壳表面有无异常气味。

（二）蛋新鲜度的判定

1. 新鲜蛋

蛋壳表面常有一层粉状物，蛋壳完整而清洁，无粪污、无斑点；蛋壳无凹凸而平滑，壳壁坚实，相碰时发出清脆声音而不是哑声；手感发沉。

2. 破损蛋

蛋壳有不同程度破损的蛋，包括裂纹蛋、硌窝蛋、损壳蛋、流清蛋。

裂纹蛋：鲜蛋受压或震动使蛋壳破裂成缝而壳内膜未破，将蛋握在手中相碰发出哑声。

硌窝蛋：鲜蛋受挤压或震动使鲜蛋蛋壳局部破裂凹下而壳内膜未破。

流清蛋：鲜蛋受挤压、碰撞而破损，蛋壳和壳内膜破裂而蛋白液外流。

3. 次质蛋

因家禽生理、病理、饲料等原因生产的非正常蛋，包括无黄蛋、沙壳蛋、血斑蛋、寄生虫蛋等。

4. 劣质蛋

禽蛋因受自然条件、保存条件和时间的影响而变质，成为不能供食用的废品。包括雨淋蛋、出汗蛋、靠黄蛋、散黄蛋、腐败蛋、霉蛋等。其外观往往在形态、色泽、清洁度、完整性等方面有一定的缺陷。如腐败蛋外壳常呈乌灰色；受潮发霉蛋外壳多污秽不洁，常有大理石样斑纹；经孵化或漂洗的蛋，外壳异常光滑，气孔较显露；腐败变质的蛋甚至可嗅到腐败气味。

二、灯光透视检验

利用照蛋器的灯光来透视检样蛋，可观察气室的大小、内容物的透光程度、蛋黄移动的阴影及蛋内有无污斑、黑点和异物等。灯光照蛋法简便易行，对鲜蛋的质量有决定性把握，是检验蛋新鲜度常用的方法之一。

（一）检验方法

1. 照蛋

在暗室里或弱光的环境中进行，方法是将蛋的大头紧贴于照蛋器的洞口上，使蛋的纵轴与照蛋器约呈 30° 倾斜，先观察气室大小和内容物的透光程度，然后上下左右轻轻转动，根据蛋内容物的移动情况来判断气室的稳定状态和蛋黄、胚盘的稳定程度以及蛋内有无污斑、黑点和游动物等。

2. 气室测量

蛋在贮存过程中，由于蛋内水分不断蒸发，致使气室空间日益增大。因此，测定气室的高度，有助于判定蛋的新鲜程度。

气室可用特制的气室测量规尺测量（见图 3-1-2）。气室测量规尺是一个刻有平行刻线的半圆形切口的透明塑料板。测量时，先将气室测量规尺固定在照蛋孔上缘，将蛋的大头端向上正直地嵌入半圆形的切口内，在照蛋的同时即可测出气室的高度。读取气室左右两端落在规尺刻线上的数值（即气室左边、右边的高度），按下式计算：

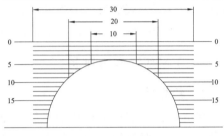

图 3-1-2　气室测量规尺

$$气室高度 = (气室左边高度 + 气室右边高度)/2（mm）$$

（二）蛋新鲜度的判定及卫生处理

1. 最新鲜蛋

透视全蛋呈桔红色，蛋黄不显现，内容物不流动，气室高度在 4 mm 以内。

2. 新鲜蛋

透视全蛋呈红黄色，蛋黄所在处颜色稍深，蛋黄稍有转动，气室高度为 5～7 mm，此属于产后约 2 周以内的蛋，可供冷冻贮存。

3. 普通蛋

内容物呈红黄色，蛋黄阴影清楚，能够转动，且位置上移，不再居于中央；气室高度 10 mm 以内，且能移动，此属于产后 2～3 个月左右的蛋，应速销售，不宜贮存。

4. 可食蛋

因浓厚蛋白完全水解，卵黄显见，易摇动，且上浮而接近蛋壳（靠黄蛋）。气室移动，高度达 10 mm 以上。这种蛋应速销售，只作普通食用蛋，不宜作蛋制品加工原料。

5. 次品蛋（结合将蛋打开检查）

（1）热伤蛋：鲜蛋因受热时间较长，胚珠变大，但胚胎不发育（胚胎死亡或未受精）。照蛋时可见胚珠增大，但无血管。

（2）早期胚胎发育蛋：受精蛋因受热或孵化而使胚胎发育。照蛋时，轻者呈现鲜红色小血圈（血圈蛋），稍重者血圈扩大，并有明显的血丝（血丝蛋）。

（3）红贴壳蛋：蛋在贮存时未翻动或受潮所致。蛋白变稀，系带松弛。因蛋黄比重小于蛋白，故蛋黄上浮，且靠边贴于蛋壳上。照蛋时可见气室增大，贴壳处呈红色，称红贴壳蛋。打开后蛋壳内壁可见蛋黄粘连痕迹，蛋黄与蛋白界限分明，无异味。

（4）轻度黑贴壳蛋：红贴壳蛋形成日久，贴壳处霉菌侵入，生长繁殖使之变黑，照蛋时蛋黄贴壳部分呈黑色阴影，其余部分蛋黄仍呈深红色。打开后可见贴壳处有黄中带黑的粘连痕迹，蛋黄与蛋白界限分明，无异味。

（5）散黄蛋：蛋受剧烈震动或蛋贮存时空气不流通，受热受潮，在酶的作用下，蛋白变稀，水分渗入蛋黄而膨胀，蛋黄膜破裂。照蛋时蛋黄不完整或呈不规则云雾状。打开后黄白相混，但无异味。

（6）轻度霉蛋：蛋壳外表稍有霉迹。照蛋时见壳膜内壁有霉点，打开后蛋液内无霉点，蛋黄、蛋白分明，无异味。

6. 变质蛋和孵化蛋

（1）重度黑贴壳蛋：由轻度黑贴壳蛋发展而成。其粘贴着的黑色部分超过蛋黄面积的 1/2 以上，蛋液有异味。

（2）重度霉蛋：外表霉迹明显。照蛋时可见内部有较大黑点或黑斑。打开后壳内膜及蛋液内均有霉斑，蛋白液呈胶冻样霉变，并带有严重霉气味。

（3）泻黄蛋：蛋贮存条件不良，微生物进入蛋内并大量生长繁殖，引起蛋黄膜破裂而使蛋黄与蛋白相混。照蛋时黄白混杂不清，呈灰黄色。打开后蛋液呈灰黄色，变稀，混浊，有异味。

（4）黑腐蛋：又称老黑蛋、臭蛋，是由上述各种劣质蛋和变质蛋继续变质而成。蛋壳呈乌灰色，甚至因蛋内产生的大量硫化氢气体而膨胀破裂。照蛋时全蛋不透光，呈灰黑色。打开后蛋黄、蛋白分不清，呈暗黄色、灰绿色或黑色水样弥漫状，并有恶臭味或严重霉味。

（5）晚期胚胎发育蛋（孵化蛋）：照蛋时，在较大的胚胎周围有树枝状血丝、血点，或者可能观察到小雏体的眼睛，或者有成形的死雏。

三、蛋相对密度的测定

蛋在贮存过程中，由于蛋内水分不断蒸发和二氧化碳的逸出，使蛋的气室逐渐增大，因而相对密度降低。所以，通过测定蛋的密度，可推知蛋的新鲜程度。利用不同相对密度的盐水，观察蛋在其中的沉浮情况，便知蛋的相对密度。本法不适宜于检查用于贮藏的蛋、种蛋等。

四、蛋黄指数的测定

蛋黄指数（又称蛋黄系数）是蛋黄高度除以蛋黄宽度所得的比值。蛋越新鲜，蛋黄膜包得越紧，蛋黄指数就越高；反之，蛋黄指数就越低。因此，蛋黄指数可表明蛋的新鲜程度。

操作方法：把鸡蛋打在一洁净、干燥的平底白瓷盘内，用蛋黄指数测定仪量取蛋黄最高点的高度和最宽处的宽度。测量时应注意不要弄破蛋黄膜。计算公式如下：

$$蛋黄指数 = 蛋黄高度 (cm) / 蛋黄宽度 (cm)$$

判定标准：新鲜蛋的蛋黄指数一般为 0.36～0.44。

五、蛋 pH 的测定

蛋在贮存过程中，由于蛋内 CO_2 向外逸出，加之蛋白质在微生物和溶解酶的作用下不断分解，产生氨及氨态化合物，使蛋内 pH 向碱性方向变化。因此，测定蛋白或全蛋的 pH，有助于鉴定蛋的新鲜度。

操作方法：将蛋打开，取 1 份蛋白（全蛋或蛋黄）与 9 份蒸馏水混匀，用酸度计测定其 pH。

判定标准：新鲜鸡蛋的 pH 为：蛋白 7.2～7.6，蛋黄 5.8～6.0，全蛋 6.5～6.8。

实训十 鲜蛋的品质检验

【目的要求】

了解鲜蛋的检验方法和品质判断标准。

【材料用具】

1. 鲜蛋采样数量：在 50 件以内者，抽检 2 件；50 至 100 件者，抽检 4 件；100 至 500 件者，每增加 50 件增抽 1 件（所增不足 50 件者，按 50 件计）；500 件以上者，每增加 100 件增抽 1 件（所增不足 100 件者，按 100 件计算）。

2. 用具：照蛋器，气室测量规尺，蛋黄指数测定仪，酸度计。

【方法步骤】

1. 感官检验

（1）检验方法：逐个拿出待检蛋，先仔细观察其形态、大小、色泽、蛋壳的完整性和清洁度等情况；然后仔细观察蛋壳表面有无裂痕和破损等；利用手指摸蛋的表面和掂重，必要时可把蛋握在手中使其互相碰撞以听其声响；最后嗅检蛋壳表面有无异常气味。

（2）判定标准：

① 新鲜蛋：蛋壳表面常有一层粉状物；蛋壳完整而清洁，无粪污、无斑点；蛋壳无凹凸而平滑，壳壁坚实，相碰时发出清脆的声音而不是哑声；手感发沉。

② 破损蛋：

裂纹蛋（哑子蛋）：鲜蛋受压或震动使蛋壳破裂成缝而壳内膜未破，将蛋握在手中相碰发出哑声。

硌窝蛋：鲜蛋受挤压或震动使鲜蛋蛋壳局部破裂凹下而壳内膜未破。

流清蛋：鲜蛋受挤压、碰撞而破损，蛋壳和壳内膜破裂而蛋白液外流。

③ 劣质蛋：外观往往在形态、色泽、清洁度、完整性等方面有一定的缺陷。如腐败蛋外壳常呈乌灰色；受潮霉蛋外壳多污秽不洁，常有大理石样斑纹；孵化或漂洗的蛋，外壳异常光滑，气孔较显露。有的蛋甚至可嗅到腐败气味。

2. 灯光透视

（1）检验方法

① 照蛋：在暗室中将蛋的大头紧贴于照蛋器的洞口上，使蛋的纵轴与照蛋器约呈 30°倾斜，先观察气室大小和内容物的透光程度，然后上下左右轻轻转动，根据蛋内容物的移动情况来判断气室的稳定状态和蛋黄、胚盘的稳定程度以及蛋内有无污斑、黑点和游动物等。

② 气室测量：先将气室测量规尺固定在照蛋孔上缘，将蛋的大头端向上正直地嵌入半圆形的切口内，在照蛋的同时即可测出气室的高度与气室的直径，读取气室左右两端落在规尺刻线上的数值（即气室左边、右边的高度），按下式计算：

$$气室高度 = (气室左边的高度 + 气室右边的高度)/2$$

（2）判定标准

① 最新鲜蛋：透视全蛋呈桔红色，蛋黄不显现，内容物不流动，气室高度在 4 mm 以内。

② 新鲜蛋：透视全蛋呈红黄色，蛋黄所在处颜色稍深，蛋黄稍有转动，气室高度在 5 ~ 7 mm 以内。

③ 普通蛋：内容物呈红黄色，蛋黄阴影清楚，能够转动，且位置上移，不再居于中央。气室高度在 10 mm 以内，且能动。

④ 可食蛋：蛋黄显见，易摇动，且上浮而接近蛋壳（贴壳蛋）。气室移动，高达 10 mm 以上。

⑤ 次品蛋（结合将蛋打开检查）：

热伤蛋：照蛋时可见胚珠增大，但无血管。

早期胚胎发育蛋：照蛋时，轻者呈现鲜红色小血圈（血圈蛋），稍重者血圈扩大，并有明显的血丝（血丝蛋）。

红贴壳蛋：蛋白变稀，系带松驰，蛋黄上浮，且靠边贴于蛋壳上。照蛋时见气室增大，贴壳处呈红色，打开后蛋壳内壁可见蛋黄粘连痕迹，蛋黄与蛋白界限分明，无异味。

轻度黑贴壳蛋：照蛋时蛋黄粘壳部分呈黑色阴影，其余部分蛋黄仍呈深红色。打开后可见贴壳处有黄中带黑的粘连痕迹，蛋黄与蛋白界限分明，无异味。

散黄蛋：照蛋时蛋黄不完整或呈不规划云雾状。打开后黄白相混，但无异味。

轻度霉蛋：蛋壳外表稍有霉迹。照蛋时见壳膜内壁有霉点，打开后蛋液内无霉点，蛋黄蛋白分明，无异味。

⑥ 变质蛋和孵化蛋

重度黑贴壳蛋：其粘贴着的黑色部分超过蛋黄面积 1/2 以上，蛋液有异味。

重度霉蛋：外表霉迹明显。照蛋时见内部有较大黑点或黑斑。打开后蛋膜及蛋液内均有霉斑，蛋白液呈冻样霉变，并带有严重霉气味。

泻黄蛋：照蛋时黄白混杂不清，呈灰黄色。打开后蛋液呈灰黄色。变质，混浊，有不愉快气味。

黑腐蛋：照蛋时全蛋不透光，呈灰黑色，打开后蛋黄蛋白分不清，呈暗黄色、灰绿色或黑色水样弥漫状，并有恶嗅味或严重霉味。

晚期胚胎发育蛋（孵化蛋）：照蛋时，在较大的胚胎周围有树枝状血丝、血点，或已能观察到小雏体的眼睛或者已有成形的死雏。

2. 开蛋检验

（1）蛋黄指数的测定

① 操作方法：把鸡蛋打在一洁净、干燥的平底白瓷盘内，用蛋黄指数测定仪量取蛋黄最高点的高度和最宽处的宽度（测量时注意不要弄破蛋黄膜），按下式计算：

$$蛋黄指数 = 蛋黄高度 (mm) / 蛋黄宽度 (mm)$$

② 判定标准：新鲜蛋的蛋黄指数一般为 0.36 ~ 0.44。

（2）蛋的 pH 测定

① 操作方法：将蛋打开，取 1 份蛋白（全蛋或蛋黄）与 9 份蒸馏水混匀，用酸度计测定其 pH。

② 判定标准：新鲜鸡蛋的 pH 为：蛋白 7.3 ~ 8.0，全蛋 6.7 ~ 7.1，蛋黄 6.2 ~ 6.6。

思 考 题

1. 试述蛋的构造及特性。

2. 蛋的主要化学组成有哪些？

3. 简述蛋的理化特性。

4. 简述鲜蛋在贮藏过程中的变化及其如何控制。

5. 鲜蛋贮藏保鲜方法的种类、原理有哪些？

项目二　蛋制品的加工

【知识目标】 了解蛋品加工中各种辅料的选择和使用，熟悉蛋品加工的原理和方法。

【技能目标】 能够进行松花蛋、咸蛋、糟蛋等蛋品加工。

【素质目标】 培养学生的观察能力，提高学生分析问题的能力。

任务一　松花蛋的加工

一、松花蛋的成品特点和分类

松花蛋又称为皮蛋，其蛋黄呈青黑色凝固状（汤心皮蛋中心呈浆糊状），蛋白呈半透明的褐色凝固体，经成熟后，蛋白表面产生美观的花纹，状似松花，故称之为松花蛋。当用刀将其切开后，蛋内色泽变化多端，故又称彩蛋。

松花蛋分为硬皮蛋（俗称湖彩）和汤心皮蛋（俗称京彩）两类。皮蛋一般多采用鸭蛋为原料进行加工。但在我国华北地区也利用鸡蛋为原料加工皮蛋，这种皮蛋称为鸡皮蛋。

二、松花蛋的加工

（一）材料的选择

（1）石灰：必须用生石灰，不能使用熟石灰，最好全部用大块的。

（2）纯碱：即碳酸钠，以纯碱为宜，不宜使用普通黄色的"老碱"或"土碱"。

（3）密陀僧（氧化铅、金生粉、黄丹粉）：可促进料液向蛋内渗透，缩短成熟时间，可减少蛋白碱分，有增色、离壳的作用；但铅的含量过高，长期食用，铅会在人体中积累，造成慢性中毒。

（4）茶叶：茶叶中的单宁能使蛋白凝固，芳香油能增加风味。最好选择新鲜红茶沫，不能采用发霉的茶叶，否则会影响皮蛋品质。

（5）食盐：主要是增加盐味，同时对皮蛋也有收缩、离壳、防止变质等作用。

（二）原料蛋的检验及规格要求

加工皮蛋用的原料蛋必须高度新鲜。凡是污染蛋、散黄蛋、裂纹蛋和声音异常的蛋均不能用于加工。

（三）皮蛋加工的基本原理和过程变化

1. 基本原理

蛋白质遇碱发生变性而凝固。当蛋白和蛋黄遇到一定浓度的 NaOH 后，由于蛋白质分子结构受到破坏而发生变化，蛋白部分形成具有弹性的凝胶体，蛋黄部分则由于蛋白质变性和脂肪皂化反应形成凝固体。

2．加工过程中的变化

从宏观上看：皮蛋的凝固过程表现为化清、凝固、变色和成熟四个阶段。

（1）有关颜色的形成（蛋白部分）：由于蛋白质中的氨基与糖在碱性环境下产生美拉德反应，使蛋白形成棕褐色。蛋黄部分由于蛋白质所产生的硫化氢和蛋黄中的铁、铅化合，使蛋黄变成青黑色。

（2）风味的形成：首先是蛋白质发生变化，一部分变成简单的蛋白质，另一部分变成氨基酸和硫化氢等，而氨基酸经氧化后，形成氨、硫化氢和酮酸。酮酸带有辣味，少量的酮酸辣味和氨气以及硫化氢等，使皮蛋形成一种特有的风味，这种风味能刺激消化器官，从而增进食欲。

（3）松花的形成：皮蛋成熟后，在蛋白上产生白色结晶，形成松花纹，这主要是由于蛋白分解物质和盐类的结晶所形成的。也有一种说法是由于形成氢氧化镁水合晶体而致。

（四）皮蛋加工的方法

1．浸泡包泥法

（1）工艺流程

原料蛋的选择→清洗消毒→晾蛋→装罐→罐料→封口→成熟→涂泥包糠→成品

　　　　　　　　　　　　　　　↑

料液的配制→冷却

（2）加工工艺步骤

① 料液的配制。按配方先将红茶、香辛料、柏树枝和水在锅中同煮，水煮开后保持 10 min，过滤得到滤液；按照配方准确称量水量，不足者可加开水或再煮一次茶叶水，然后把生石灰、纯碱分批投入，充分搅拌；最后把一氧化铅、食盐加入，充分搅拌，等料液冷却到 25 ℃以下才能应用。

② 鲜蛋装缸。下缸前，缸底要铺一层洁净的麦秸或松柏枝，以免最下层的鸭蛋直接与缸底相碰，受到上面鸭蛋的压力而压破。放蛋入缸时，要轻拿轻放，一层一层地平放，切忌直立，以免蛋黄偏于一端。蛋装至距缸口 6～10 cm 处时，加上花眼竹箅盖，并用碎砖瓦压住，以免灌汤以后鸭蛋浮起来。

③ 灌料。鲜蛋装缸后，将经过冷却的料液（或料汤）搅动，使其浓度均匀，徐徐灌入缸内，直至使鸭蛋全部被料液淹没为止。

④ 技术管理。灌料后，室温要保持在 20～25 ℃，最低不能低于 15 ℃，最高不能超过30 ℃。如发现室温过高或过低，要采取措施进行调整。腌制过程中应注意勤观察、勤检查，以便发现问题及时解决。

⑤ 出缸。一般情况下，鸭蛋入缸后，需在料汤中腌渍 35 d 左右，即可成熟变成松花蛋，夏天需 30～35 d，冬天需 35～40 d。

⑥ 检验分级。各种类型的次劣蛋都必须剔除。

⑦ 包泥滚糠（或涂膜）。经过验质分级选出的合格蛋进行包泥。为便于贮藏，防止包泥后的松花蛋互相粘连，包泥后将蛋放在稻壳上来回滚动，稻壳便均匀地粘到包泥上。

2．直接包泥法

用调好的料泥直接包裹在鲜蛋上，再经过滚糠壳后装缸、密封、贮藏。这种方法只适合于春秋两季使用。

（五）皮蛋的质量检查

一看、二掂、三摇晃。

（六）传统加工皮蛋与现代加工皮蛋的差别

现代加工方法直接用氢氧化钠取代了生石灰和纯碱，工艺和成熟时间都得到了简化，提高了劳动效率，降低了劳动强度；但风味稍有不同，现代法碱味较重，需要适当的后熟时间。

任务二　咸蛋的加工

咸蛋的加工方法比皮蛋及其他蛋制品简单易行，加工费用低廉，加工时间比较短，加工技术也容易掌握。

一、咸蛋的成品特点

咸蛋具有六大特点：鲜、细、嫩、松、沙、油。其切面黄白分明，蛋白粉嫩洁白，蛋黄橘红油润，无硬心，食之鲜美可口，特别是江苏省高邮的咸蛋由于口味较佳，全国闻名，远销国外。

二、咸蛋的腌制原理

咸蛋主要用食盐腌制而成。食盐有一定的防腐能力，可以抑制微生物的生长，使蛋内容物的分解和变化速度延缓，所以咸蛋的保存期比较长。

（1）食盐在咸蛋腌制中的作用：① 脱水作用；② 降低了微生物生存环境的水分活性；③ 对微生物有生理毒害作用；④ 抑制了酶的活性；⑤ 使咸蛋具有特殊的风味；⑥ 可使蛋白质凝固，并出现蛋黄出油现象。

（2）咸蛋在腌制过程中的影响因素：

① 食盐中所含氯化钠的成分越多，渗透的速度越快。如盐中含有镁盐和钙盐较多时，就会延缓食盐向蛋内的渗透速度，因而推迟蛋的成熟期。

② 脂肪对食盐的渗透有相当大的阻力，所以含脂肪多的蛋，比含脂肪少的蛋渗透得慢。

③ 加工过程中，温度越高，食盐向蛋内渗透得越快，反之则慢。

④ 食盐对蛋白和蛋黄所表现的作用不相同。对蛋白可使其黏度逐渐减低而变稀；对蛋黄则使其黏度逐渐增加而变稠变硬。

⑤ 腌制的时间越长，蛋内容物的水分就越少，而干物质中的食盐含量就越多。

三、咸蛋的加工方法

（1）盐泥涂布法：

　　　工艺流程：配料→和泥、选蛋→清洗→消毒→粘泥→装缸→封口→腌制→成熟。

（2）盐水浸泡法：简便、成熟快。适用于小批量加工。

　　　工艺流程：配料→鲜蛋的选择→清洗消毒→装缸→灌料→封口→成熟。

（3）两种方法的区别：盐水腌制的咸蛋，成熟的时期比盐泥涂布法要短一些，这主要是因为盐水对鲜蛋的渗透作用比盐泥法快。但盐水腌蛋一个月后，往往蛋壳上会发生黑斑，而包泥法则无此缺点。

任务三 糟蛋的加工

一、糟蛋的成品特点

糟蛋是用优质鲜蛋在糯米酒糟中糟制而成的一类再制蛋。其品质柔软细嫩，气味芬芳，醇香浓郁，滋味鲜美，回味悠长。我国著名的糟蛋有浙江省平湖县的平湖糟蛋和四川省宜宾市的叙府糟蛋。

二、糟蛋的加工原理

在糟制过程中，蛋内容物与醇、酸、糖等发生一系列物理和生物化学的变化而成。

（1）形态的形成：在这些变化中，最主要的是酒糟中的乙醇和乙酸可使蛋白和蛋黄中的蛋白质发生变性和凝固作用，使糟蛋蛋白呈乳白色或酱黄色的胶冻状，蛋黄呈橘红色或橘黄色的半凝固柔软状态。

（2）气味的形成：酒糟中的乙醇和糖类（主要是葡萄糖）渗入蛋内，使糟蛋带有醇香味和轻微的甜味；酒糟中的醇类和有机酸渗入蛋内后，在其长期作用下，产生芳香的酯类，使糟蛋具有特殊浓郁的芳香气味。

（3）蛋壳的变化：酒糟中的乙酸使蛋壳变软，溶化脱落成软壳蛋，使乙醇等有机物更易渗入蛋内。

（4）食盐的作用：糟蛋在糟渍过程中加入食盐，不仅赋予其咸味，更增加了风味和适口性，还可增强防腐能力，提高贮藏性。

（5）糟蛋可以生食：糟蛋在乙醇和食盐长时间作用下（4~6个月），能抑制蛋中微生物的生长和繁殖，特别是沙门氏菌可以被杀灭，因此糟蛋可以生食。

（6）糟蛋含有丰富的钙，是天然补钙佳品。

三、糟蛋的加工

1. 原材料的选择

（1）鸭蛋：是加工糟蛋的主要原料，必须新鲜、优质，否则很难加工出高质量的产品。

（2）糯米：应选择淀粉含量高、脂肪和蛋白质含量低、颜色洁白的新鲜优质糯米。

（3）酒药：是酿制酒糟时使用的菌种，生产上也称为酒曲。酒药是一种发酵剂，由根霉、酵母和其他菌类制得。

2. 加工工艺（以平湖糟蛋为例）

工艺流程：糯米清洗→浸米→蒸饭→淋饭→拌酒药→酿糟蒸坛原料蛋→洗蛋→晾蛋→击蛋破壳→装坛→封坛→成熟

糟蛋加工的季节性较强，一般在3月至端午节。端午后气温渐热，不宜加工。加工糟蛋需掌握好三个环节，即酿酒制糟、选蛋击壳、装坛糟制。

（1）酿酒制糟：将精选糯米洗净后在冷水中浸泡24 h，将米蒸熟，用清水冲淋降温至30 ℃并沥干水分，将酒药与米饭拌匀，装于缸内使之发酵。

（2）击蛋破壳：只允许蛋壳膜破，但壳内膜不能破。

（3）装坛糟制：将成熟的酒糟铺一层于坛底，将蛋依次排紧，按一层酒糟一层蛋的方式来装，酒糟之上均匀地撒上一层食盐。装坛比例：鸭蛋 100 枚，酒糟 12 kg，食盐 1.8 kg。

3. 糟蛋的质量要求

蛋壳与蛋内膜完全分裂，呈软壳蛋。蛋形完整，膨胀饱满。蛋白不散，呈液冻状，蛋黄带橘红色，呈半凝固状。具有糯米酒糟所特有的浓郁的酒香和酯香味，带甜味、咸味，无异味和酸辣味

实训十一　皮蛋加工

【目的要求】

了解和掌握皮蛋的加工工艺。

【方法步骤】

1. 浸泡皮蛋加工

（1）原料蛋的选择

加工皮蛋的原料蛋须经照蛋和敲蛋逐个严格的挑选。

照蛋：加工皮蛋的原料蛋用灯光透视时，气室高度不得高于 9 mm，整个蛋内容物呈均匀一致的微红色，蛋黄不见或略见暗影，胚珠无发育现象；转动蛋时，可略见蛋黄也随之转动。次蛋，如破损黄、热伤蛋等均不宜加工皮蛋。

敲蛋：经过照蛋挑选出来的合格鲜蛋，还需检查蛋壳完整与否、厚薄程度以及结构有无异常。裂纹蛋、沙壳蛋、油壳蛋都不能作为皮蛋加工的原料。此外，敲蛋时，还要根据蛋的大小进行分级。

（2）辅料的选择

① 生石灰：要求色白、重量轻、块大、质纯，有效氧化钙的含量不低于 75%。

② 纯碱（Na_2CO_3）：要求色白、粉细，含碳酸钠在 96% 以上，不宜用普通黄色的"老碱"。若用存放过久的"老碱"，应先在锅中灼热处理，以除去水分和二氧化碳。

③ 茶叶：选用新鲜红茶或茶末为佳。

④ 硫酸铜或硫酸锌：选用食品级或纯的硫酸铜或硫酸锌。

⑤ 其他：取深层、无异味的黄土，取后晒干、敲碎过筛备用；稻壳要求金黄干净，无霉变。

（3）配料

鸡蛋 10 kg，碱面 0.8 kg，生石灰 3 kg，食盐 0.6 kg，茶叶 0.4 kg，黄丹粉 20 g，水 11 kg。

（4）料液制作

先将碱、盐放入缸中，将熬好的茶汁倒入缸内，搅拌均匀，再分批投入生石灰，及时搅拌，使其反应完全，待料液温度降至 50 ℃ 左右将硫酸铜（锌）化水倒入缸内（不用黄丹粉时选用），捞出不溶石灰块并补加等量石灰，冷却后备用。

料液碱度的检验：用刻度吸管吸取澄清料液 4 mL，注入 300 mL 的三角瓶中，加水 100 mL 至氯化钡溶液的粉红色恰好消褪为止，消耗 1 mol/L 盐酸标准溶液的毫升数即相当于氢氧化钠含量的百分数。料液中的氢氧化钠含量要求达到 4% 左右。若浓度过高应加水稀释，若浓度过低应加烧碱以提高料液的 NaOH 浓度。

（5）装缸、灌料泡制

将检验合格的蛋装入缸内，用竹箅盖撑封，将检验合格冷却的料液在不停的搅拌下徐徐

倒入缸内，使蛋全部浸泡在料液中。

（6）成熟

灌料后要保持室温在 16～28 ℃，最适温度为 20～25 ℃，浸泡时间为 25～40 d。在此期间要进行 3～4 次检查。

出缸前取数枚皮蛋，用手颠抛，皮蛋回到手心时有震动感。用灯光透视蛋内呈灰黑色。剥壳检查蛋白凝固光滑，不粘壳，呈黑绿色，蛋黄中央呈糖心即可出缸。

（7）包装

皮蛋的包装有传统的涂泥糠法和现在的涂膜包装法。

① 涂泥包糠：用残料液加黄土调成浆糊状，包泥时用刮泥刀取 40～50 g 左右的黄泥及稻壳，使皮蛋全部被泥糠包埋，放在缸里或塑料袋内密封贮存。

② 涂膜包装：用液体石蜡或固体石蜡等作涂膜剂，喷涂在皮蛋上（固体石蜡需先加热熔化后喷涂或涂刷），待晾干后，再封装在塑料袋内贮存。

2. 包泥皮蛋加工

（1）料泥的配制

鸡蛋 10 kg，碱面 0.6 kg，生石灰 1.5 kg，草木灰 1.5 kg，食盐 0.2 kg，茶叶 0.2 kg，黄丹粉 12 g，干黄土 3 kg，水 4 kg。

（2）料泥制作

配制时先将茶叶泡开，再将生石灰投入茶汁内化开，捞除石灰渣，并补足生石灰，然后加入纯碱、食盐搅拌均匀，最后加入草木灰和黄土，充分搅拌。待料泥起黏无块后，冷却。将冷却成硬块的料泥全部放入石臼或木桶内用木棒反复锤打，边打边翻，直到捣成黏糊状为止。

（3）料泥的简易测定

取料泥一小块放于平皿上，表面抹平，再取蛋白少许滴在料泥上，10 min 后若蛋白凝固并有粒状或片状带黏性的感觉，说明料泥正常，可以使用。若不凝固，则料泥碱性不足。如有粉末感觉，说明料泥碱性过大。

（4）包泥滚糠

一般料泥用量为蛋重的 65%～67%。包料要均匀，包好后滚上糠，放入缸中。

（5）封缸

用两层塑料薄膜盖住缸口，不能漏气，缸上贴上标签，注明时间、批次、数量、级别、加工代号等。

（6）成熟

春秋季一般 30～40 d 可成熟，夏季一般 20～30 d 可成熟。

思 考 题

1. 如何选择皮蛋加工的辅料？
2. 简述皮蛋的加工机理。
3. 试述皮蛋的加工方法及工艺要点。
4. 简述咸蛋的加工工艺要点？
5. 简述糟蛋的加工原理、方法。

参考文献

[1] 李兴民主编. 畜产品加工技术. 北京：中央广播电视大学出版社，2006.

[2] 杜克生主编. 肉制品加工技术. 北京：中国轻工业出版社，2006.

[3] 王玉田，马兆瑞主编. 肉制品加工技术. 北京：中国农业出版社，2008.

[4] 徐幸莲主编. 肉制品工艺学. 南京：东南大学出版社，2000.

[5] 张文正主编. 肉制品加工技术. 北京：化学工业出版社，2007.

[6] 夏文水主编. 肉制品加工原理与技术. 北京：化学工业出版社，2003.

[7] 浮吟梅，吴晓彤主编. 肉制品加工技术. 北京：化学工业出版社，2013.

[8] 罗红霞主编. 畜产品加工技术. 北京：化学工业出版社，2007.

[9] 车云波，林春艳主编. 肉制品加工技术. 北京：中国质检出版社，2011.

[10] 李雷斌主编. 畜产品加工技术. 北京：化学工业出版社，2010.

[11] 周光宏主编. 畜产品加工技术. 北京：中国农业出版社，2004.

[14] 蒋爱民主编. 畜产食品加工学. 北京：中国农业出版社，2000.